做不攀比
不虚荣 不嫉妒
的现代女性

向亚云 ◎ 编著

深度剖析现代女性虚荣与尊严的纠葛，让你发现不曾认识的自己。
令人渴望的心灵减压书，让你的内心更加丰富。

跟随心灵大师厘清思绪，编织方法，为走出困惑寻找一个突破口，变嫉妒为动力，化虚荣为力量，让攀比不再发生！

做最好的自己

不攀比，亦不拘泥，一切恰当刚刚好；
不虚荣，亦不将就，一律务实真需要；
不嫉妒，亦不羡慕，一生坦然淡如菊；
在纷扰的世界里活出一片宁静。

人民日报出版社

图书在版编目（CIP）数据

做不攀比、不虚荣、不嫉妒的现代女性 / 向亚云编著.
-- 北京：人民日报出版社，2017.12
ISBN 978-7-5115-5140-5

Ⅰ.①做… Ⅱ.①向… Ⅲ.①女性－人生哲学－通俗读物 Ⅳ.①B821-49

中国版本图书馆CIP数据核字(2017)第298112号

书　　名：	做不攀比　不虚荣　不嫉妒的现代女性
作　　者：	向亚云
出 版 人：	董　伟
责任编辑：	刘天一
封面设计：	陈国风
出版发行：	人民日报出版社
社　　址：	北京金台西路2号
邮政编码：	100733
发行热线：	（010）65369527 65369846 65369509 65369510
邮购热线：	（010）65369530 65363527
编辑热线：	（010）65369844
网　　址：	www.peopledailypress.com
经　　销：	新华书店
印　　刷：	北京柯蓝博泰印务有限公司
开　　本：	710mm×1000mm　1/16
字　　数：	180千字
印　　张：	13.5
印　　次：	2018年1月第1版　2018年1月第1次印刷
书　　号：	ISBN 978-7-5115-5140-5
定　　价：	39.80元

前　言
PREFACE

客观地说，绝大多数人或多或少都有虚荣心，女性尤其如此。女性能更细腻地感受到生活环境的变化，她们更乐于从中获得满足和快感。

然而，虚荣心就像心灵的毒药，它会把我们的人生一点点腐蚀，一点点毁掉。它让心灵充满怨憎，让生活布满荆棘，让幸福和快乐一点点离我们而去。爱虚荣的人，即便拥有再多，也很难感受到生活的幸福和快乐。虚荣心太强，不只会毁掉我们自己，而且会殃及他人。所以，作为智慧、独立又胸怀豁达的现代女性，一定要学会克服虚荣之心，做不攀比、不嫉妒、不虚荣的人，人生也会因之更加幸福。

要克服虚荣心，拥抱幸福，要做到以下三个方面。

一要杜绝盲目攀比。有些女性爱攀比，总是不自觉地与那些工作如意、生活优越、家庭幸福的女性比较；总是习惯性地拿自己的短处跟他人的长处比。俗话说，"人比人，气死人"，比较之下，原本不错的生活成了"垃圾"，这让她们感觉处处不如人，事事不如意，越比越伤心，越比越沮丧，甚至灰心绝望。其实，这样的攀比没有任何意义。每个人的情况都是不一样的，所谓"家家有本难念的经"，你看到别人光鲜的外表，却没有看到他们背后的泪水，这样比出来的结果，永远是别人比你好，只会让你越来越沮丧。

二要克服嫉妒心理。虚荣心强的人，更易嫉妒他人。他们更爱比较，导致心理严重失衡，看到比自己过得好或是事业比自己强、人缘比自己好、家庭比自己幸福的人，就会满心不高兴，酸溜溜不是滋味，于是怀着仇视的心理和愤恨的眼光去看待他人的成功。既羡慕又满心不甘，千方百计要去超越他人，用尽阴谋诡计要去阻挠他人，因此导致无数的悲剧，最终害了他人，更害了自己，原本快乐幸福的日子过得一团糟，实在是得不偿失。与其嫉妒别人，不如做好自己的事情，"临渊羡鱼不如退而结网"，羡慕嫉妒不如努力奋斗，踏踏实实过好自己的日子，享受拥有的一切，其实幸福就在自己的手里。

三要懂得知足。虚荣心强的人不懂得知足，即便他富甲天下、坐拥一切，也依然难以体会到幸福，因为他们总是看到自己没有的，看不到自己已经拥有的。他们心比天高，总想事事超过别人，处处比别人强，这其实是很难达到的。人无完人，各有所短，世间从来就没有任何人能处处强过他人，期望过高只会让自己更失望，"知足常乐"，懂得知足才会幸福常伴。

人们常说，幸福不在于拥有得多，而在于计较得少。要让幸福多一点，就要少一些虚荣、少一些攀比、少一些嫉妒，多一些平和、多一些淡泊、多一些知足，唯有如此，现代女性才能拥有更多的幸福和快乐。

目 录
contents

第一章 认清危害，攀比、嫉妒、虚荣只会吞噬你的幸福

攀比、嫉妒和虚荣，是一种病态的心理，它像毒药一样，会腐蚀人的心灵，毒化人的灵魂，带走人生的快乐，吞噬人生的幸福。所以，聪明的现代女性，务必要学会远离攀比、嫉妒和虚荣，跳出庸俗的陷阱，拥抱生活的幸福。

1. 攀比、嫉妒、虚荣让自己沦入庸俗　　　　　　**002**
2. 爱攀比，只会在比来比去中伤害自己　　　　　**006**
3. 嫉妒是心灵的毒药　　　　　　　　　　　　　**010**
4. 虚荣心其实是扭曲的自尊心　　　　　　　　　**015**
5. 追名逐利是一场没有硝烟的战争　　　　　　　**020**
6. 淡定的人生更从容　　　　　　　　　　　　　**023**

第二章 杜绝攀比，自强的人生更给力

攀比会让人失去快乐与自尊，攀比会让人变得不自信，攀比会让人越来越灰心沮丧，攀比会带给人无穷无尽的苦恼。杜绝攀比，懂得知足，超越自我，自立自强，人生更精彩。

1. 攀比，赢了也赢不来真正的自尊　　　　　　　　030
2. 比来比去，只会让自己灰心丧气　　　　　　　　032
3. 美好的生活从不攀比开始　　　　　　　　　　　037
4. 拥有足够自信，就会不屑于攀比　　　　　　　　042
5. 目标高一些，看得更远，就不会去攀比　　　　　051
6. 多看自己拥有的，懂得知足，就没有必要攀比　　057
7. 自立自强，奋斗的人生更精彩　　　　　　　　　061

第三章 抛弃嫉妒，小心嫉妒毁了自己

嫉妒是毒药，会腐蚀我们的心灵，毒化我们的灵魂，严重的时候会让我们完全失去理智，变得疯狂。而这种疯狂足以摧毁我们所拥有的一切，毁掉幸福的人生。所以，现代女性一定要抛弃嫉妒之心，心胸豁达、眼界开阔，千万别让嫉妒毁掉自己。

1. 嫉妒什么？你不如别人肯定不是别人的错　　　　068
2. 承认吧，你确实差了一点点　　　　　　　　　　070
3. 世间无完人，谁也不可能事事第一　　　　　　　073
4. 客观评价自己，你自有你的优势　　　　　　　　077
5. 别再嫉妒，与其嫉妒不如努力　　　　　　　　　082

第四章 远离虚荣，避开虚荣心构织的泥沼

虚荣是自设的牢笼，是危险的泥沼，一旦进去，很难走出来。它会禁锢心灵，它会让你迷失方向，它会让你远离快乐，它甚至还会让你踏上犯罪之路。避开虚荣，远离虚荣，放下面子，脚踏实地做真实的自己，你才是最美的女人。

1. 摆脱心灵的枷锁，只做真实的自己　　088
2. 看轻"面子"，不必太在意别人的眼光　　093
3. 克服贪欲，虚荣是贪婪的另一个名字　　095
4. 脚踏实地，用务实的态度打败虚荣　　100
5. 释放生活的压力，让虚荣走开　　104
6. 学会转移心境，远离虚荣　　108

第五章 淡泊名利，别让欲望吞噬了自己的幸福

"天下熙熙，皆为利来，天下攘攘，皆为利往"，人活在世上，无论贫富贵贱，穷达逆顺，都免不了要和名利打交道。如果过于看重名利，任意放纵自己的欲望，终会为名利所累，被欲望吞噬。这样的女性是不幸的，也是可怜的。之所以被欲望吞噬，是她们想要的太多。要活得轻松自在、幸福安乐，就要学会淡泊名利、看轻得失。

1. 幸福不是拥有得多，而是计较得少　　112
2. 攀比、嫉妒、满足虚荣心，哪里有真正的幸福　　115
3. 何必羡慕别人，每个人都有自己的幸福　　118
4. 感恩自己拥有的，不贪自己没有的　　121
5. 改变心态，简单生活也有满满的幸福　　124
6. 看淡得失，人生本来有得有失　　127
7. 珍惜所有，做一个安宁平和的女子　　132

第六章 超越年龄，什么时候都不攀比、不嫉妒、不虚荣

虚荣与年龄无关，却受修养的影响。修养好的女性年纪虽小却雍容大气、优雅高贵、稳重脱俗，与攀比、嫉妒、虚荣这些庸俗的名词毫不沾边；而修养不好的女性，即便年纪再大，依然虚荣好妒、斤斤计较、恶俗不堪。所以，女性在任何时候都要不攀比、不嫉妒、不虚荣。摒除这些庸俗气，不管你年龄几何，都将是人群中最美的那一个。

1. 不攀比、不嫉妒、不虚荣的人生，与年龄无关　　136
2. 二十几岁，勇敢进取"升值"自己　　139
3. 三十几岁，让目光看向更高处　　143
4. 四十几岁，修养淡定从容的内心　　146
5. 五十几岁，看透本质，自在生活　　150
6. 六十几岁，从容接受岁月的馈赠　　154

第七章 升华气质，让心灵的优雅和高贵打败庸俗和浅薄

女人的优雅和高贵来自灵魂，与身份、地位、金钱和成就无关，也与相貌无关。来自心灵的优雅和高贵是学不来打不败的。那些庸俗和浅薄却又力求高贵的女人在优雅面前只是一种笑话，真正的高贵是不张扬不显露却有强大的气场，让人心生喜爱。

1. 真正的高贵，来自心灵的优雅　　158
2. 抛弃自卑树立自信，别只用金钱来衡量幸福　　160
3. 培养高雅兴趣，做灵魂有香气的女子　　163
4. 腹有诗书气自华，朴素衣装掩不住内心的芳华　　167
5. 豁达大气，人淡如菊更有魅力　　170

第八章 诗意生活，抛弃眼前的苟且，追求真正的美好

生活得幸不幸福并不是看一个人有多少存款，也不是看她拥有多少稀世珍宝，而是看她内心是否有满足感，是否认可当前的生活。每个人对幸福的要求不同，选择的道路也不同。把平淡的日子过得有诗意，在平凡的岗位上做出不平凡的事业，把小日子过得红红火火，这就是成功的人生，是最美好的人生。

1. 远离豪奢，日子同样可以很精致　　　　　　　176
2. 开阔心胸，没有必要和生活斤斤计较　　　　　181
3. 悦纳自己的婚姻，不要苛求完美　　　　　　　184
4. 用心经营家庭，让每一天都有惊喜和浪漫　　　188
5. 树立事业心，追求更高的目标　　　　　　　　192
6. 超越世俗的眼光，只过想要的生活　　　　　　195
7. 保持快乐的心情，享受快乐的人生　　　　　　199

第一章

认清危害，
攀比、嫉妒、虚荣只会吞噬你的幸福

　　攀比、嫉妒和虚荣，是一种病态的心理，它像毒药一样，会腐蚀人的心灵，毒化人的灵魂，带走人生的快乐，吞噬人生的幸福。所以，聪明的现代女性，务必要学会远离攀比、嫉妒和虚荣，跳出庸俗的陷阱，拥抱生活的幸福。

1. 攀比、嫉妒、虚荣让自己沦入庸俗

攀比，指不顾自己的具体情况和条件，盲目地与高标准相比，并且一心一意要超过别人的心理状态；嫉妒是指人们为竞争一定的权益，对相应的幸运者或潜在的幸运者怀有的一种冷漠、贬低、排斥或者敌视的心理状态；而虚荣是一种追求虚假、虚幻的优越感和满足感的心理状态。

这三种心理，归根到底是一种心理在作怪，那就是虚荣心理。虚荣心理，从心理学角度来说是一种追求虚假、表面、浮浅的华丽生活的不良心理，也可以说是一种性格缺陷。

虚荣心最易让人沦入浅薄和庸俗之中，即便是胸有大志之人，在虚荣心的驱使下，也会陷入庸俗和浅薄的陷阱难以自拔。比如项羽，就是因为虚荣心太强，沦入庸俗浅薄，失去了得到天下的好机会。

当年，鸿门宴后，西楚霸王项羽攻入咸阳宫，放火烧了秦宫室，杀了秦降王子婴和八百多名贵族，并一把大火焚毁了阿房宫。整个秦王室尽归项羽所有。当时有个叫韩生的人劝霸王留在咸阳，定都安国，一统天下。关中大地阻山滞河，四塞之地，土地肥沃，足以成就天下霸业。但项羽不这样认为。在虚荣心的驱使下，他回到故乡江东，炫耀着已取得的胜利。他还理直气壮地说："富贵不归故乡，如衣锦夜行，谁知之者。"意思是说，我现在大富大贵了，如果不回到故乡让乡亲们都瞧一瞧，那就像是穿了华丽锦绣的衣服却在夜里行走一般，有谁知道我如此风光？！于是他带着缴获的大批财宝，风风光光地返回江东，归乡炫耀。最终刘邦雄踞关中，一统天下；项羽败落，退至乌江。

在乌江之时，如果项羽能抛弃面子和虚荣心，不过于在意这一次失败，回到江东，秣马厉兵，重振旗鼓，那么待他日力量壮大后再与刘邦对战，鹿死谁手也还难定。但是虚荣心过强的项羽却把面子看得比什么都重，衣锦时还乡，兵败后却如丧家之犬，再回乡则"无颜见江东父老"，唯有自刎于乌江。

可见，盖世的英雄也未能免俗，依然败在了"只有衣锦才能还乡"的虚荣心上。其实生活中像项羽这样的人很多。媒体曾报道，毕业于某大学的本科生杨某，就因为"混得太差没脸回家"，在外流浪十年未与家人联系过一次，老父老母思念不已，不得已请媒体帮忙寻找，终于在深圳找到睡在桥洞下的杨某。杨某因为"面子"不想找太差的工作，最后高不成低不就，没找到工作，干脆不找了，过上了流浪的生活，被找到时老父心疼得大哭。

女性也不例外，因为"面子"比吃、比穿、比房、比车。稍有一些优势就炫耀不已，比不过时又嫉妒无比，心生怨恨，甚至做出各种恶俗的事情来，让人唏嘘。更可悲的是，一些女性为了满足虚荣心，做出一些让自己悔恨终生的事情来。

比如闹得沸沸扬扬的"校园贷"事件，很多在校大学生都深受其害。曾有报道称，为了买苹果手机，19岁女孩小敏从"校园贷"借了12500元，扣除利息后到手8000元。为了还钱，她不得不又从其他校园贷借款……8个月过后，这笔钱"滚"成了23万元。小敏的父亲是个农民，全家一年的收入还不到2万元，这笔无异于天文数字的巨额贷款让全家苦不堪言。父亲东拼西凑为女儿还了17万，可是按照借款的约定，还有5万余元还不上，眼看这笔款还要向上滚，父亲不得不四处求人……小敏甚至萌生了"以死躲债"的荒唐想法。

一个19岁的孩子怎么会欠这么多钱？其实都是虚荣心在作怪。当记者问小敏为何会借钱买苹果手机时，她说"第一部手机坏掉后，看着同学们用的都是苹果手机，于是自己也想换一部同样的，可是家里的经济状况不好，就想到了借贷"。第一次借款期限已到却还不上，不得不借钱来还，拆东墙补西墙……直到在30多个"校园贷"平台上借了钱后，本息就像滚雪球一样，越滚越多。为了还钱，小敏甚至将学费都拿去还钱，也不敢去学校。债主整天打来电话逼债，甚至还有人将PS（指用修图软件Adobe Photoshop修图）后的裸照发给她的同学和亲友。经查询得知有"人死债销"的说法后，她便萌生了以死亡躲过无休无止的巨额债务的想法。虚荣心，差一点就害死了小敏。

不只小敏，据报道，很多地方都有大学生因为校园贷引发了自杀行为，如央视曾报道的某大二女生小雨（化名），因卷入校园贷，在催债电话、裸照的骚扰下，不堪还债压力，自杀身亡。她在几乎所有的校园贷平台上都借了钱，总额高达57万元！据调查显示，小雨家境小康，在虚荣心的驱使下，想在校园内挣到"第一桶金"，便在微信上做起了香港化妆品代购的生意。起初她只在低息平台借钱，随后生意亏本，无力偿还债务，她开始在奶茶店、KTV等地兼职打工还款。因为一直没有还款能力，窟窿越滚越大，无奈之下接受了高利贷性质的校园贷款产品。自杀前，小雨还收到了一款名叫"快乐花吧"的校园借款平台的催款消息。在留下一句"我真的不喜欢这个世界"之后，小雨结束了生命。

同样，虚荣心也在"裸贷"事件中起到了推波助澜的作用。

第一章
认清危害，攀比、嫉妒、虚荣只会吞噬你的幸福

如果不是虚荣心在作怪，又哪会有那么多的女大学生去"裸贷"？

虚荣心，害死人。

对于大多数女性来说，虚荣心或许害不死人，但足以让她变成一个心胸狭隘、行为可恶、庸俗不堪的女人，让她远离优雅，远离情调，也远离幸福和成功。很多女性追求表面上的浮华和虚荣，打肿脸充胖子，千方百计甚至倾尽一切展示出来的，不过是些肤浅的东西，她们的内心却是空虚的、自卑的。她们看重的是物质和功利，关心的是浮华和表面，满足的是一时的优越感，失去的，却是心灵的高贵和优雅，是生活的从容和安定。因为虚荣，她们只看重表面的穿着打扮却不重视内心的充实和修养，只重视外在的物质条件却不关心内在的人品性格，只以金钱论成败，只把名利当标准，为了满足自己的虚荣心，为了所谓的"面子"，不惜弄虚作假，炫耀自夸，甚至自甘堕落，不惜牺牲自己的尊严和自由，出卖自己的青春和灵魂，最终完全毁掉自己的生活。这样的女性，何有成功之说？何来幸福可言？

很多女性的失败并非她们能力有限，而是毁于自己的虚荣以及由虚荣导致的庸俗里，不是和他人比吃比穿，就是在炫耀自己的优越感。生活上不用心经营，却偏偏想要拥有所有的幸福和快乐；工作不思上进，却偏偏觊觎同事获得的成绩，嫉妒他人强过自己，于是心中满怀不平和愤然，日夜焦虑，备受煎熬，把更多的心思花在如何把别人比下去、如何让别人知道自己有多幸福，任由嫉妒之心如火燃烧，整天都沉迷于虚荣之中，最终一无所得，一事无成。

女性有一点虚荣心，这也无可厚非，但一定要懂得分寸。女性聪明不聪明，在很多时候都在于对分寸的拿捏是否恰当。恰到好处地把握分寸感，是成功和幸福女性的主要特征。周国平在《我心中的好女人》一文中说："虚荣难免，有一点无妨，还可以给人生增添色彩，但要适可而止。"一点点虚荣心可以成为上进的动力，过分的虚荣却让人厌烦。睿智的女人是不会

让自己被虚荣收服、跌进庸俗的陷阱中的。

2. 爱攀比，只会在比来比去中伤害自己

攀比，是虚荣心最典型的表现之一：为了满足自己的虚荣心，想尽办法盖过别人的风头，处处都和别人比，处处都想比别人强。通常产生攀比心理的个体与被选作为参照的个体之间具有极大的相似性，导致自身被尊重的需要过分夸大，虚荣动机增强，甚至产生极端的心理障碍和行为。

根据产生的作用不同，攀比心理分为正性攀比和负性攀比。正性攀比指正面的积极的比较，是在理性意识驱使下的正当竞争，往往能够引发个体积极的竞争欲望，产生克服困难的动力。有比较才有进步，有目标才会有努力，正性攀比是不满足于现状，不甘落后于他人而想赶上甚至超越他人，这样的心理在一定程度上能够使人奋发向上，这样的比较是非常有意义的。

负性攀比指那些消极的、伴随有情绪性心理障碍的比较，它会使个体陷入思维的死角，产生巨大的精神压力和极端的自我肯定或者否定，甚至会在攀比中迷失沉沦。

曾在《青年文摘》读到这样一篇文章——《忙碌不停的翠波鸟》，讲的是美洲原始森林里有一种鸟，这种鸟全身翠绿，因此得名翠波鸟。翠波鸟得以成名的就是它那巨大的巢穴。翠波鸟的体长不过五六厘米，可它们建造的巢穴比自己身体大几倍，甚至十几倍。

动物爱好者莱奥托为了解开这个谜，制作了一个巨大的笼

子，并捉来一只翠波鸟观察它筑巢的过程。没想到的是，这只翠波鸟只建了一个能容下自己身体大小的房子，就停工了。莱奥托又捉来一只翠波鸟放在笼子里，这时情况发生了变化：新来的鸟进入笼子后，开始大力建房，原本停止建造的那只鸟也开始疯狂地扩建巢穴。两个巢穴越建越大。几天过后，先送进来的那只鸟竟然疲惫而死。当这只鸟死后，另外一只立刻停止了筑巢。

经过无数次的实验，莱奥托终于找到了翠波鸟鸟巢巨大的原因：攀比。这种鸟攀比心理太强，容不下别人的房子比自己的好，每当发现有新建"房子"的，它便不停地扩建巢穴……

这就是负性攀比的恶果，我们这里要说的也正是负性攀比。负性攀比在心理学上被界定为中性偏阴性的心理特征，即个体发现自身与参照个体发生偏差时产生负面情绪的心理过程。负性攀比最大的问题在于缺乏对自己和周围环境的理性分析，只是一味地沉溺于攀比中无法自拔。这对人对己都很不利，比来比去只会让自己越比越焦虑、恐慌、沮丧、绝望……

32岁的赵女士在市中心的一间写字楼里工作，是一家策划公司的中层管理人员。赵女士的家庭很幸福，丈夫是公务员，女儿乖巧听话，在工作上无论遇到什么难题，赵女士都能淡定处理，唯独在一个人面前例外，那就是公司里最爱攀比的同事小李。两人比来比去，赵女士苦不堪言。

"其实我俩也没什么深仇大恨，小李人也没什么坏心眼，只不过大家都是好强的人。她离婚了，自己带着一个7岁男孩，我负责业务一组，她负责业务二组，她一直觉得我过得比她好，家庭比她幸福，就处处跟我比较。我们公司离重庆路很近，买东西方便，我只要买一个包，她就一定要买个比我贵的包；我买件新衣服，她就一定要买件更贵的衣服。刚开始我也没在意，后来她处处针对我，我就有心跟她比一比。晒幸福，谁不会，后来这事慢慢变成了习惯，这习惯让我们都受伤不已……"赵女士说。

小李处处要比，赵女士也不甘示弱，于是你争我斗、互相刺激成了常态。大家上班都不远，原本没必要买车，但小李拿到驾照买了车后，一切都变了。三天两头刺激赵女士："赵儿啊，赶紧买台车吧，你看现在谁没车呀！出门多不方便？"那语气让赵女士觉得心中气直往上冒，干脆就较上劲了："你那台不是B50吗，我已经看中了一台B70，交了订金了……"看着小李脸上忽然变得有些灰暗的样子，赵女士暗自得意，却又有些后悔。其实她并没有买车的计划，碍于面子，赵女士不顾家人反对，一狠心把女儿的上学准备金拿了出来，交了首付，做了车贷。每月工资实发到手里只有3600元，车贷就要还3100元，沉重的债务让赵女士后悔不已："除了拥有一辆闪着银光的私家车，我的生活完全属于清贫之列，每天睁开眼，想的第一件事情就是还钱。全家人跟着我一起节衣缩食不说，加油时就跟抽自己血似的心跳加速，爱车被蹭就像自己身体受伤似的心疼难受……"赵女士自嘲地说。

而小李呢？为了盖过赵女士的风头，不惜把刚买的车低价卖了，又借钱买了一台更豪华的车，但又因为自己工资有限，不得不在下班后还兼职打工，把孩子一个人放在家里。孩子不小心打翻了开水，严重烫伤……

赵女士和小李的经历正是应了"比来比去，受伤的还是自己"这句话。如果不是执意攀比，赵女士一家的日子其乐融融，小李家也会母子平安快乐。可如今因为比来比去，害得一家不得不节衣缩食"活受罪"，另一家孩子受伤不得不住进了医院。

其实生活中类似赵女士和小李这样爱攀比、并且深受攀比之害的人并不少见。这样的攀比只会伤了他人也害了自己。

不知从何时起，小王总喜欢和别人比较，一看到别人比自己好，心里就酸溜溜的。比如同事花2000元买了一个名牌包，她马上花3000元买个更好的；同学买了新手表，自己立马买一个更高档的；表哥买了新车，她也很眼红，但经济条件又不允许，于是借钱买，买完再还债，弄得苦不堪言。

比衣服看看谁的更漂亮时尚，比手表看看谁的更名贵，比长相看看谁更迷人更漂亮，比车子看谁的更豪奢，比孩子瞧瞧哪家更伶俐聪明……还要比财富、比地位、比爱情、比老公、比……一切。比来比去，哪有完美的人生？比来比去，只会越比越灰心，越比越痛苦，越比越难受，越比越受伤，越比越绝望，何益之有？

有句老话说"知足常乐"，一个人最大的优点就是能够看到自己的幸福。要知道，每个人的幸福是不同的。农民的幸福是秋日田野的金黄，是陈年的老酒；流浪者的幸福是一盏亲情的灯，是一把家中的伞；而腰缠万贯者的幸福或许就是街边的几个馒头或碗里的几片菜叶……可是好多人并不一定能看到自己的幸福。你不妨试着问一下自己，你拥有哪些别人没有的幸福呢？稳定的工作和收入、温馨的家庭氛围、疼你爱你的老公、乖巧懂事的孩子……历历数来，你的幸福何尝比他人少？那又何必去羡慕那些一身珠光宝气、有车有别墅的女人。虽然她们可能会经常出入名媛时尚会馆，可以买那些贵得让人咋舌的高档服装，可她或许曾经在夜深人静时面对空寂的豪宅，对镜自怜孤苦无人爱呢？而此刻的你，可能正在与每天按时回家的爱人深情相拥！比上不足比下有余，懂得知足就会幸福。

不是说完全不该比，有比较才有鉴别，有比较才能知道自己的优势在哪里，劣势在哪里。只是要会比，多用自己的优势去和别人的劣势比，多用自己拥有的去和别人没有的比。由于个人素质、家庭环境、社会条件等的差异，人生轨迹各不相同。攀比时就要根据自己所住的环境，从事的工作及能力的大小，聪明地去比，智慧地去比，这样才能比出责任，比出动力，比出进取心，比出心理平衡来；如果不根据自身的实际，看不到自己的优势，一味拿自己的劣势和别人的优势比，只会比出坏心情，比出怨气，比出失落，比出心理失衡，比出满身伤痕，比得痛苦万分，实在是不值得。智慧的女性一定要远离盲目的攀比。

 ## 3．嫉妒是心灵的毒药

嫉妒，是指人们为竞争一定的权益，对相应的幸运者或潜在的幸运者怀有的一种冷漠、贬低、排斥、甚至是敌视的心理状态。《心理学大辞典》中说："嫉妒是与他人比较，发现自己在才能、名誉、地位或境遇等方面不如别人而产生的一种由羞愧、愤怒、怨恨等组成的复杂的情绪状态。"这是一个人在意识到自己对某种利益的（潜在）占有受到（潜在）威胁时，基本都会产生的一种情绪体验或心理状态。嫉妒是一种比较复杂的心理状态，它包括焦虑、恐惧、悲哀、猜疑、羞耻、自咎、消沉、憎恶、敌意、怨恨、报复等不愉快的心理状态。别人天生的身材、容貌和逐日显出来的聪明才智，可以成为嫉妒的对象；其他如荣誉、地位、成就、财产、威望等有关社会评价的各种因素，也都容易成为嫉妒的对象。嫉妒就内心感受来讲，前期依次表现为由攀比到失望的压力感；中期则表现为由羞愧到屈辱的心理挫折感；后期则表现由不服不满到怨恨憎恨的发泄行为。越到后期，心理负担越重，对心灵的毒害也就更严重。有的嫉妒者甚至做出疯狂的举动。

第一章
认清危害，攀比、嫉妒、虚荣只会吞噬你的幸福

有一个很经典的故事：有一个女人很好嫉妒，有一天幸运地见到了上帝，上帝说："我可以满足你一个愿望，而且还可以让你的女邻居获得你相同愿望的两倍。你许个愿吧！"好嫉妒的女人平时就生怕女邻居强过自己，一听上帝这么说，女人就想：如果我想要一箱珠宝，她就会得到两箱；如果我想要一栋别墅，她就会得到两栋；如果我想要美丽与智慧，那个丑得嫁不出去的女人就会比我美丽两倍，聪明两倍！不行，我绝不能让她比我强！于是这个女人咬了咬牙说："仁慈的上帝啊，请你挖掉我的一只眼吧！"

瞧瞧，嫉妒就是这样疯狂，这样让人不可理喻！难怪莎士比亚发出感叹："嫉妒，你让天使也变成了魔鬼！"嫉妒是心灵的毒药，嫉妒让人疯狂，嫉妒让天使也会成为魔鬼！大哲学家培根说过："在人的一切情欲中，嫉妒是最强烈、最持久的。"德国谚语说得也很妥帖："嫉妒是为自己准备的刀""嫉妒能吃掉的，只是自己的心。"

嫉妒之所以产生，是因为每个人都有超越别人的欲望，但由于主客观条件的限制，这种超越的欲望不一定能得到全部的满足，得不到满足时，如果不能正确估计自己的实力和环境，主观地认为别人得到的东西其实应当属于自己，就会产生一种被剥夺感，就会产生嫉妒心理。有这种心理的人总想居人之上，站人之前，不允许别人进步，不许别人争先。如果别人取得一些成绩，他就会耿耿于怀；如果别人超过自己，就对别人产生一种怨恨情绪。也就是说，嫉妒者总希望别人永远不如自己，为此，他们总会在行为上损害他人。

嫉妒心强的人，当看到别人比自己多劳多得的时候，就会产生不平。由不平到不满，由不满到中伤，由中伤而攻击，由攻击而诬陷。这种人付出的不肯比别人多，收获的却又不肯少，始终抱着这样的心态：你有的，我不能没有。于是就怀着仇视的心理和愤恨的眼光去看待他人的成功，而自己也在这种不良的情绪中受到极大的伤害。其实，一切嫉妒的火，都是从燃烧自己开始的。嫉妒者内心充满痛苦、焦虑与怨恨，这些情绪久久郁积于内心，就会导致内分泌系统功能失调，心血管或神经系统功能紊乱，甚至破坏消化系统、血液循环系统的正常运行，会使大脑皮层下丘脑垂体激素、肾上腺皮质类激素分泌增加，使血清类化学物质降低，从而引起多种疾病，如神经官能症、高血压、心脏病、肾病、肠胃病等，从而影响身心健康。所以"嫉"实为"疾"也，嫉妒常会使人产生一种"无名火"，让人心情烦躁、无端生气、心情抑郁、动作紊乱、睡眠不好。嫉妒还会使人疑神疑鬼，性格变得孤僻怪异，难以与人相处，衰老加速。更重要的是产生了强烈的嫉妒心之后，心灵就被其腐蚀，行为就会失去理智。心理学家列出了产生嫉妒之后行为表现的几个主要特征。

(1) **明显的对抗性、攻击性**

其攻击目的在于颠倒被攻击者的形象，甚至由于嫉妒使道德天平倾斜，做出一些极端的错误行为。比如，上面事例中提到宁愿自己失掉一只眼睛也不愿意让邻居好过的行为。

(2) **明确的指向性**

嫉妒心的指向性往往产生于同一时代、同一部门、同一水平的人群之中，绝不是自己不认识或者高高在上、虚无缥缈的人。嫉妒者嫉妒的大多是平时熟悉、来往的人，如同事、同学、邻居等。因为这些人群是嫉妒者熟悉并自认为很了解，在潜意识中认为她们不会强过自己的一群人。平时大家条件相差不大，平起平坐，相安无事。但是一旦她们在某一方面或是很多方面强过自己，心里肯定不是滋味，心态难以平衡，嫉妒心自然就会产生。

（3）不断发展的发泄心理

嫉妒心产生后，除了较轻的嫉妒表现为内心的怨恨而不付诸行动外，有些嫉妒心则伴随着发泄心理，如言语上的冷嘲热讽、行为上的冷淡等，甚至会有一些过激行为，如杀人放火，实在可怕。

（4）不易察觉的伪装性

嫉妒的心理为大多数人所不齿，所以一般人不愿直接表露出嫉妒，而是在行为上表现为拐弯抹角地攻击他人。

从这些行为表现的特征来看，嫉妒确确实实腐蚀人的心灵，是心灵的毒药，嫉妒之火一旦烧起，后果难以想象。古往今来，因嫉妒导致的令人扼腕叹息的悲剧数不胜数。

古希腊时代，有一位体育选手得了冠军，为家乡争得了荣誉，乡人想要为他塑造一座铜像以作纪念，几乎所有的人都同意这个提案，只有一个人很嫉妒那位冠军，强烈反对为他立铜像。但是，按照少数服从多数的原则，人们还是把铜像造好了。反对者见阻挠不成，就每天晚上偷偷地用铲子去铲铜像的脚跟。直到一天晚上，他的愿望实现了——铜像终于倒下来了，只是刚好压在他身上，他当场身亡。

莎翁的名剧《奥塞罗》也是一出因妒生恨的悲剧。奥赛罗娶的美娇娘是一位身份尊贵的贵族的女儿，名叫苔丝狄蒙娜。苔丝狄蒙娜从奥赛罗坎坷的奋斗史中看见奥赛罗内心深处的高贵，决定不顾父亲的禁令委身相随。按理说，这样的婚姻因彻底相爱会更加美满。但奥赛罗身边有一个奸恶小人伊阿古，他气愤奥赛罗重用凯西奥而不是自己，又嫉妒凯西奥能被赏赐，于是决定用奸计同时谋害奥赛罗与凯西奥。有趣的是，这样一个因嫉妒而阴狠的人，选用的奸计也是扇出奥赛罗的嫉妒心。爱嫉妒的奥塞罗上当了，开始嫉妒与妻子说话的每一个男人，无端猜忌妻子，最终亲手掐死了美丽的妻子。等他悔悟为时已晚，最终引咎自杀。一段美好的婚姻和原本更加美好的人生全部因为嫉妒而毁灭！

同样，在当代也有无数因嫉妒导致的悲剧。《钱江晚报》曾报道，一名13岁的初二女生因嫉妒同班同学比自己漂亮，竟然杀死了同学！

日本媒体也报道过，有一位年轻女性，因为嫉妒邻居家的女儿比自己家的女儿漂亮、聪明、懂事，竟然残忍地把邻居家5岁的女儿杀害了。

嫉妒的人是可怕的，他们不能容忍别人快乐、优秀，会采取各种手段去破坏；嫉妒的人又是可怜的，他们自卑、阴暗，享受不到阳光的美好，体会不到人生的乐趣；嫉妒的人也是可悲的，他们不仅容不下别人幸福、快乐，自己也因为嫉妒别人但又不可能活得与别人一样而饱受煎熬，他们一直在食用自己亲手炮制的毒药，直到毁掉自己的一生为止。

嫉妒其实是人类的一种普遍情绪。轻微的嫉妒使人意识到一种压力，产生一种向他人学习并超越的动力，促使人去拼搏、奋进。但是，如果嫉妒心过于强烈，则会成为一种病态，嫉妒就会成为腐蚀心灵的毒药，让心灵扭曲、偏激、变态，由嫉生恨，由妒生怨，做出一些疯狂的事情，害人又害己。可见嫉妒是一种破坏性很强的心理状态，对生活、事业都会产生消极影响，正如培根所说：嫉妒这恶魔总是在暗暗地、悄悄地"毁掉人间的美好东西"。

嫉妒的危害，一是直接影响人的情绪和积极奋进的精神。好嫉妒的人只看见他人的"幸运"和自己的"不幸"，从而产生极大的心理不平衡，这个时候他们不是想着积极努力地奋斗追上别人，而是千方百计想着破坏或阻挠他人取得成功；二是产生偏激思想。让嫉妒蒙住了眼睛的人，不可能客观公正地看待事情,而是固执己见,认死理,产生偏见,并且因偏见导致行为偏激。嫉妒程度有多深,偏见也就有多大。偏见不仅仅出自于一种无知,还出自于某种程度的人格缺陷;三是产生压制他人之心。越是贤能有才的人越招人嫉妒,嫉妒者对强过自己的人会百般打压,想尽办法不让他们出头,所谓"武大郎开店——高的全不要",这对于人才使用是极为不利的;四是嫉妒会影响人际关系的和谐。荀子说:"士有妒友,则贤交不亲;君有妒臣,则贤人不至。"好妒之人自私自利,最看不得别人比他强,为了阻挠他人成功,处处设障碍、使绊子,这样的人怎么可能受到欢迎?嫉妒是人际交往中的心理障碍,它会限制人的交往范围,压抑人的交往热情,甚至能反友为敌;五是影响身心健康。妒火中烧得不到适宜的发泄时,内分泌系统会功能失调,导致心血管或神经系统功能紊乱从而影响身心健康。

强烈的嫉妒心是一种最可怕的病态心理,是心灵的毒药,它能让冷静的人失去理智,让善良的人产生恶念,让杰出的人变得可憎,让谨慎的人走向极端。所以,一个人想要拥有正常的人生,拥有与别人一样的幸福,就要远离嫉妒,修身自律,淡泊处世,从容对待生活中的一切。

 4. 虚荣心其实是扭曲的自尊心

虚荣,通俗地说就是"打肿脸充胖子"。林语堂先生在《吾国与吾民》中认为,统治中国的三女神是"面子、命运和恩典"。"讲面子"是中国社会普遍存在的一种民族心理,丢面子就意味着否定自己的才能,这是万万不能接受的,于是有些人为了不丢面子,通过"打肿脸充胖子"的方式来显示自我。

攀比、嫉妒、好强，其实都是虚荣心的表现。什么是"虚荣心"？《辞海》解释为：表面上的荣耀、虚假的荣誉。百度百科对虚荣是这么解释的：虚荣是指表面上的荣耀；虚假的荣誉。虚荣是对自身的外表、学识、作用、财产或成就表现出的妄自尊大。心理学上认为，虚荣心是一种被扭曲了的自尊心，是自尊心的过分表现，是一种追求虚浮表象的性格缺陷，是人们为了取得荣誉和引起普遍注意而表现出来的一种不正常的社会情感。

虚荣心是一种常见的心态，与自尊有关。人人都有自尊心，当自尊心受到损害、威胁，或过分自尊时，就可能产生虚荣心，如珠光宝气招摇过市、哗众取宠等。

虚荣的心理与戏剧化人格倾向有关。爱虚荣的人多半为外向型、冲动型、反复善变、做作，具有浓厚、强烈的情感反应，装腔作势，缺乏真实的情感，待人处事突出自我、浮躁不安。具有虚荣心理的人，多存在自卑与心虚等深层心理的缺陷，作为一种补偿，往往竭力追求浮华以掩饰心理上的缺陷。

毕业于一所省级大学的玲玲，工作能力强，虚荣心也很强，因为觉得自己的文凭含金量不高，出去面试时这个本科学历让她觉得没面子，于是在校园附近花200元钱买了"北京大学"的假文凭，并凭此混进一家大公司，四处吹嘘自己是北大的精英。北京大学毕业生还是比较显眼的，很快，公司的同学聚会就让她原形毕露。众目睽睽之下，玲玲丢尽面子，在一群北大学子鄙夷的眼光中灰溜溜地离开了。

其实一般本科又何必自卑呢？文凭又不等于水平，可能她还不知道，这家大公司的老板仅仅读完了小学。

从近处看，虚荣仿佛是一种聪明；从远处看，虚荣实际上是愚蠢的。虚荣者常有小狡黠，却缺乏大智慧。虚荣的人不一定少机敏，却一定缺远见。

　　有一些人总是拿自己的自尊心来遮掩虚荣心，其实自尊心与虚荣心是两个完全不同的概念，自尊心是维护自己的人格尊严，不容许别人侮辱和歧视的心理状态。具有自尊心的人，能够积极履行个人对社会和他人应尽的义务，为人处世光明磊落，能够发扬自觉、勤奋、刻苦的精神，对工作有强烈的责任心；而虚荣心是表面的、虚伪的、虚假的、扭曲的自尊心，看似自尊，实则自傲和自负、自夸和自炫。

　　人人都有自尊心，都希望得到社会的承认，自尊心是人的一种正常心理需要。一个人没有自尊心是不行的，但如果过分满足自己的自尊心，那便是虚荣心了。虚荣心就是被过分表现、过分追求、过分扭曲后的自尊心。这种心理的实质，就是人们为了获得表面上的光彩、他人的普遍关注、恭维和羡慕、并从中获取优越感和满足感而表现出来的一种不正常的社会情感和心理状态。

　　自尊心与虚荣心的最大区别就是自尊心会让你上进，而虚荣心只会让你好高骛远，打肿脸充胖子，因为面子观念让自己吃尽苦头。

　　马克是耶鲁大学的毕业生，当他大学毕业时，正赶上美国的经济大萧条，大批的大学毕业生找不到工作，就连马克这样以前备受欢迎的经济管理专业的毕业生，也大量过剩。为了解决生计问题，马克决定和几位普通院校的毕业生一起去一家小出租车公司应聘，做出租车司机。同时，他还邀请大学的同班同学一块去应聘。但他的想法遭到了同学们的耻笑，他们说："我们可是耶鲁大学的毕业生，怎么能做出租车司机那样的工作？"结果，班里只有马克一人做了出租车司机，其他很多同学都在盲目地寻找体面的工作。

　　因为马克懂得经营管理，他的出租车生意异常火爆。不久，出租车公司的经理看中了他的经营管理才能，就把他调到身边做了助理。几年后，经理的岁数大了，想退休，但子女中没有人愿意经营他那只有十几辆车的小公司，他便找到马克，以极低的价格，把公司转让给了他。

自从有了自己的公司，马克更加积极努力。过了几年，他已拥有两家子公司，拥有1000多辆汽车，上亿美元资产。而他的那些同学大部分还只是普通的白领。

马克谈起自己的成功经历时说，在找工作或创立自己的事业时，许多人第一个考虑的，并不是这个职业或行业会不会给自己带来新的机会，而是考虑眼前做这个工作是不是很丢人。这纯粹是虚荣心在作怪。抛弃虚荣心，任何一项工作都意味着机会，只要你努力，并坚持下去，就会充满希望，机会的大门永远会为你打开。

虚荣的人，表面上看起来，自尊心都特别强，到哪里都不愿意认输，不愿意低头，不愿意比别人差。实际上他们看重的并不是积极的进取和努力的奋斗，而是表面的光鲜和亮丽，是一种虚假的美好。这种美好或许会给他们带来一时的快感，过后却只会让他们更加空虚和恐惧。

虚荣心是一种很可怕的心理，不仅会让我们失去机会，还会产生更严重的后果。除了我们前面分析过的攀比、嫉妒外，在虚荣心的驱使下，人们还会自我炫耀、卖弄显摆、好大喜功甚至不择手段地去获取表面的光彩和闪耀。虚荣心表现在行为上，主要是盲目攀比，好大喜功，过分看重别人的评价，自我表现欲太强，不顾一切要达到目的等。这种人在物质上讲排场、搞攀比，在社交上好出风头，在人格上很自负、嫉妒心强，爱炫耀，又不服输。虚荣心严重的人常常把追求表面光鲜作为自己的人生目标，为达到这一目标，不惜弄虚作假，欺蒙诈骗，完全失去了从社会价值来评价自己行为的能力，其行为目的仅仅在于取得荣誉和引起普遍注意，得到周围人的赞赏和羡慕。其不择手段导致的后果极为严重，小则道德沦丧，大则走向罪恶的深渊，引发人生悲剧。

因虚荣而毁掉自己生活的最著名的女性，非玛蒂尔德莫属。幸好她不是生活中真实的女性，而是法国大作家莫泊桑短篇小说《项链》的女主角。她为了在舞会上炫耀自己的高贵和美丽，向有钱的朋友借了一条美丽璀璨的钻石项链。果然她在舞会上闪闪发光，成为全场注目的焦点。然而，悲剧来了，她居然不小心把这条美丽而昂贵的项链丢了！于是她只好借钱买了一串一模一样的新项链还给朋友。为了偿还债务，她节衣缩食，为别人打短工，做辛苦的重活，整整劳苦了十年。这天她又碰上了借给她项链的朋友，对方还是那么美丽年轻，而她被十年辛苦劳作折磨得丝毫看不出当年的美丽了。然而，她还是很高兴，因为终于还清了债务。她和朋友提起十年前的那串钻石项链，谁知道朋友毫不在意地说："哦，那是假的！"

就为了舞会上那一刹那的闪耀，玛蒂尔德付出了十年的辛劳！这就是她为虚荣付出的代价！

人生的许多悲剧都是虚荣心导致的，许多痛苦和烦恼都是虚荣心造成的，许多不幸和灾难是虚荣心引起的。虚荣心强的人，活得很累，因为他生活在极度的自信和极度的自卑之间，没有中间地带。"死要面子活受罪"，这句老话很大程度上概括出了虚荣者的心理和行为。虚荣的人活得不真实，活得不踏实，永远活在焦虑中，活在未来的虚幻中，永远不得安宁。因为他始终处在猜忌中，处在想象别人对自己的看法中。为了满足自己被扭曲的自尊，他常常会不顾现实铤而走险，会无端生气发脾气，会无事生非制造狼烟，会不择手段达到目的。这样的人，何来幸福可言？

不管是木碗还是瓷碗，只要能盛饭即可，何必非得用银碗金碗呢？不管是茅草房还是木房,只要能挡风避雨供人居住即可,何必非要住富丽堂皇的宫殿和五星级酒店呢?不管是电子表还是石英表,只要能准确获悉时间即可,何必非要佩戴几万元镶嵌宝石的机械表呢?不管是树叶还是粗布,只要能穿着舒适得体能保暖御寒即可,何必非要绫罗绸缎呢?人活就活得踏实、自在、纯朴、自然,何必非要活成人上人,非要活得显要,活得让人注意、让人刮目相看呢?好端端的日子,一旦爱慕虚荣,好日子都会变成苦日子;亲密和睦的人际关系,一旦爱慕虚荣,忌妒、埋怨、责备、愤恨、猜忌、尔虞我诈、钩心斗角、虚伪等,心灵杂草就会疯长,就会风声鹤唳草木皆兵;春光明媚、和煦如意的人生,一旦爱慕虚荣,就会浓云密布、狂风大作,瞬间暴风骤雨龙卷风刮起。所以,聪明的女性一定要记住:自尊心要爱护,虚荣心要克服。要拥抱幸福,就要学会远离虚荣。

5. 追名逐利是一场没有硝烟的战争

常听人说:"这年代活得真累!"特别是一些年轻人更有诸多抱怨。现代人到底怎么了?为什么活得这么累?追根究底,不过是太重视追名逐利。

现代人忙什么?忙着为金钱奔波往来,为面子费神劳役,为功名蝇营狗苟,为利益忙忙碌碌,为得失斤斤计较,为登上人生的山峰,按照他人设计的台阶一步步爬,爬得疲惫不堪,英年早衰,哪能不累?很多现代女性也不得不被时代的大潮裹挟着前行,跌跌撞撞一路向前,好像在打一场无休止的战争,真的好累!"累"成为许多女性最真切的感受。

作为80后年轻的职业经理人,露西入行快10年了,照理说应该很适应职场的节奏、规则了,但是随着年龄的增加,竞争的加剧，加之家庭的责任，她深感力不从心。"我之所以能坐到今天这个位子，是因为我比别人付出的多，很大程度上，我是牺牲了私人时间在为公司打工。"露西坦言，"但如今，2岁大的儿子和渐渐老去的父母都需要照顾，工作上的竞争却丝毫没有减少，所以我常常有一种身居高位、惶恐不安、疲惫不堪的感觉。"

其实对于现代职场女性而言，压力和疲劳无处不在。年轻的20多岁的新职业女性，既要面对就业压力，又要面对竞争压力，在工作和生活上都不稳定；30多岁的职业女性在工作和生活上虽然都逐渐转向稳定期，但职位提升的压力也随之而来，儿女教育更是需要自己倾尽心力；而40多岁的职业女性如果没有更高的职位或达到更深的专业程度，将会受到职场新人带来的竞争冲击，更可能面对过早失业的恐慌……

现代社会，职场女性越来越多，尤其是想要在职场上争得自己一片天地的女性，除了自身的争名夺利、攀来比去外，还要跟男同事们明争暗斗，所谓"职场如战场"，这就是一场没有硝烟的战争，不累几乎是痴心妄想。

很多人毫不避讳自己对名利的诉求，张口闭口不离名利，他们认为眼下是竞争社会，谁有本事谁折腾，混出个样来就出人头地、光宗耀祖了。"追名逐利"思想被无限放大，不仅成为社会的主流，也成为大多数人的追求。为了"名利"，走仕途的绞尽脑汁，找门路寻关系，使出浑身解数，投上级所好，为了能高升，变着法儿地欺上瞒下、黑白颠倒、是非不分。对上溜须拍马、媚态十足，对下狐假虎威、声色俱厉。在追名逐利的舞台上，用尽各种手段，累得心身俱疲。当"追名逐利"变成"显学"时，人的欲望会得到强化，甚至极度膨胀，每一个人都想要在这场战争中赢得胜利，取得自己的名和利，于是满脸杀气，

大打出手，把每一天都过得惊心动魄。

其实哪有必要呢？虽说"天下熙熙皆为利来，天下攘攘皆为利往"，来来往往，无非名利，所谓攀比、嫉妒、虚荣，说来说去还不是为名为利，争来争去还不是功名利禄。然而追名逐利，谈何容易？整天把心思、精力、时间都花在追名逐利上，这人生又该多么无趣无味？倒不如放下名利，停止追逐，远离攀比、嫉妒和虚荣，从容生活，淡泊立世，人生会更快乐。

齐白石有一句名言：一生只愿做闲人。写点闲字，画点闲画，见点闲人，说点闲话，写点闲文，看点闲景，这该是人生的一种大自在境界。对于大多数人的人生，无论成败，都只是像荡秋千一样在奔波中荡来悠去，累。倒不如淡泊明志，宁静致远，抚慰心灵。虽然闲时有些平淡，少了些趣味，但也少了劳累和曲折。

一个人，特别是女性，倘若心胸宽大，凡事不斤斤计较，对名、利等身外之物有正确的人生态度，抛弃浮华和虚荣，"行到水穷处，坐看云起时"，悠哉乐哉，就会拥有一份属于自己的快乐人生。何必一定要挤进杀气无边的名利场，打一场没有硝烟的仗？粗茶淡饭一样香甜，布衣蔬食一样舒坦。无风光压人，无权势欺人，无名利役人，无欲火烧人，无奸佞谗人，无苦恼愁人，无烦事缠人，无应酬累人，更没有无休无止的战争杀人，"岁月静好，现世安稳"，什么虚名浮利、荣华富贵，都不能与这样悠闲幸福的生活相比！相信每一个女性都会爱上这样的生活，不想再沉醉于追名逐利的战争。

6．淡定的人生更从容

攀比嫉妒何其苦，追名逐利何其累，既然攀比、嫉妒和虚荣有这么多的危害，何不抛开名缰利锁，远离追名逐利，享受闲情逸致，拥抱幸福快乐，做一个淡定从容、享受人生智慧的现代女性？

淡定是一种心态，一种个性，更是一种人生的境界，是一种成熟之美、智慧之美、从容之美。它来自于豁达与笃定。不浮躁，不张狂，不急功近利，不哗众取宠。凡事顺其自然，就像春华之后，瓜熟蒂落；就像功到之后，水到渠成。淡定的女人，对名利看得很淡，每一步都踩得踏实而坚定，很少有虚荣之心，一切处之泰然。她能理解别人的一切行为，原谅别人无心的过错，尊重他人的选择；不会为一点点的不快耿耿于怀，不会尖酸刻薄，不会斤斤计较，更不会自寻烦恼，而是宽容一切，善待一切，用自己的豁达和宽容，获得被认同的快乐。

淡定是岁月的沉淀，是经历的累积；是一种力量，也是一种智慧。淡定的女人不会让自己跟着"诱惑"走，跟着"感觉走"，被形形色色的"欲望"和"身外之物"所束缚，为名纠缠，为利羁绊，从来不想一本万利、一夜暴富、一鸣惊人、一步登天。她会发奋努力，却不会盲目蛮干，她会跟随潮流，却不流于世俗，知足常乐又常知不足。失也好，得也罢，不以物喜，不以物悲。只看自己拥有的，不想自己没有的，事事处处从容不迫。处变不惊，临难不慌，镇定自若，敢于担当。在困难面前，不回避，不妥协；在挫折面前，不苛求，不勉强。淡泊以明志，宁静以致远。一切都是那么云淡风轻，平静安宁。得之不喜、失之不忧、宠辱不惊、去留无意、心境平和、淡泊自然。她的生活简单，很少欲望。因为欲望少，满足感、成就感、幸福感常常包围着她，所以心中常常盈满喜悦。

追名逐利、比来比去，也许会获得一时的光彩和快感，但背后的辛苦真是让人不胜其累。许多功成名就的人，当有机会脱出名利场、跳出红尘外、回头细看走过的路时，才真正明白，虚荣心堆积起来的成功和闪耀，其实根本没有任何意义。

2013年9月，创新工场首席执行官李开复在微博中发布一句"癌症面前，人人平等"，激起千层浪，很快他患癌的消息传开。17个月后，李开复病愈重新恢复工作，他不再像以前那样满负荷地、密集地安排行程，而是更加淡定、从容地享受着他的工作和生活。他分享了病中的一些感悟：

整个生病过程中，我体会最深的就是"影响力"这三个字。这是我过去所倡导的，能多大程度上改变世界，就靠自己有多大的影响力。影响力越大，做的事情就会越好。理论上这是对的，只是一旦你开始追求影响力，所有的事情都通过影响力来评估，就会变得比较现实。比如，今天要不要见这个创业者，取决于他的公司有多大潜力；我见哪位记者，通过他们面向的读者群多少来决定。但这次生病让我感觉到，癌症面前人人平等。其实，世界上每个人的价值和灵魂是一样的，我凭什么只通过影响力做这种价值判断？一场演讲没有一千个人我就不去，每天微博不新增一千个粉丝我就不开心。这就变成一种功利世俗的追寻。

我生病后不断地思考这类事情。记得有一次去佛光山请教星云大师几个问题，我向他提的一个问题是："如果一个人觉得追求影响力就可以做更多有意义的事情，因此不断追求，把这个当成主要甚至唯一的追求，这是否会陷入名利的怪圈和负面循环？"星云大师说，说这个话是自己骗自己，人真的没有办法剥离这种名利。他说我讲的话是自己骗自己，这对我是一定程度的点醒。我开始想，过去是不是做得太过了？过去有学校请我去演讲，场地不够大，只有两百人能听到，我想算了；有创业者跑到创新工场来,虽然很执着但不见得靠谱,我把他拒之门外;或者去演讲有学生追着车子要送我礼物,司机问我要不要停下来,我说不要。现在就想,凭什么觉得两百人就不能跟我交流?为什么我们要让创业者苦苦地等?为什么我就可以傲慢地不让司机停下来?现在再想这些事情,就会比较放得开。公司做事还是要尽到职责;我自己的时间还是要自由支配,只要有缘能够认识,时间允许,不伤害身体,谁找上门来我都可以交流,来者不拒。

刚生病那会儿,我会想,"为什么是我?我做错了什么事?为什么轮到我得癌症?我做了很多坏事吗?是因果报应吗?还是有其他理由?"思考很多,就会发现这个世界上有太多事情我们不

能理解。一个人说"我要来改变世界",本身就是一种傲慢。所以,我会重新思考这个命题。世界因你不同,这句话是可以的,但是变成我要改变世界,这个就是有一定程度的傲慢存在。后来读很多书,包括和星云大师沟通,我悟出来一个比较简单的道理:一种更符合我们渺小地位的思维方式是,如果我要做一件事情,世界上每一个人都做,世界会不会变好一点?不要特别地衡量哪个影响力大一点,不要把什么事都去量化。

在生活中,有人为了财富、名利,不择手段,不惜一切,虽然在某些方面达到了一定目的,但却在得到时失去了快乐和健康。可见名利并不是人生的全部,没有健康快乐,人生就像是一张白纸,毫无价值。"非淡泊无以明志,非宁静无以致远",这千古名言,说出了人生的真谛。如果我们淡泊名利,可能会一生生活在平凡的世界里,但我们决不平庸;相反,如果我们一味追逐名利,虽然有可能一生风光,但心中会有一种失落永远

伴随，那是心灵中永远见不到阳光的地方。那种疼痛，是说不出口的、无人理解的伤。为了名利而累心累身，损害了自己的健康，是只有傻子才会做的事。当然，淡泊名利，清心寡欲，不等于不要追求，不要上进心，不要奋斗精神。人不可一味地追逐名利，也不可缺乏上进心和奋斗精神。

女性要做到淡泊名利，从容生活，以下方面可以有所助力。

(1) 要有凡人心态

一个人如果想要快乐起来，可以找到千万种理由，比如日出、花开、美景，这些人人看得见的自然现象都可以带来快乐。但如果总是把期望值定得过高，自己又永远达不到，快乐就会离你越来越远。要承认自己的能力，看清眼前的现实，让自己活在真实的生活中，不要寄希望于缥缈的幻象。

(2) 要学会知足

常言道：人生不如意者十之八九，能对人言只二三。太多不如意只能自己承受，我们甚至连对外人说的可能都没有。如果不正确对待生活中的失败与挫折，遇到不如意就伤心失望，我们的日子过得一定不会开心。放下那些我们够不到的，多一些满足心理，以一种"比下有余"的心态来生活，阳光就会一直在心中。

(3) 少设对手

俗话说"得饶人处且饶人"。这句话在职场上更是不变的真理。不要总是盯着别人的短处不放，以平和的心态来对待对手，说不定有一天，对手也可以成为帮手。职场中太多得势逼人的事例，到最后终会是两败俱伤、无一幸免。看自己的长处的同时，也看到别人的长处，同时从别人的短处来要求自己更进一步，这样的方式会让你不断进步，更加优秀。

淡定是一种经历过后的智慧，是洗净铅华后的从容，是一种积极的人生态度，更是一个人成功的秘诀。淡定就是平常心。平常心是一个人取得成功的必备品质之一，不管你现在是不是成功，或者有多成功，都要保持一颗平常心。拥有平常心的人，才会淡定，才会觉着冷静，才会包容他人，才会悦纳自己，才会不与人争斗。淡定的人，他们的生活态度是积极的，与他们相处是一种享受，也是一种乐趣。淡定的人生会更从容、更丰富。

第二章

杜绝攀比，自强的人生更给力

> 攀比会让人失去快乐与自尊，攀比会让人变得不自信，攀比会让人越来越灰心沮丧，攀比会带给人无穷无尽的苦恼。杜绝攀比，懂得知足，超越自我，自立自强，人生更精彩。

1. 攀比，赢了也赢不来真正的自尊

前面我们说过了攀比的恶果，明白了要幸福生活就要杜绝攀比的道理。攀比的实质就是虚荣心，是扭曲的、变态的自尊心。其实比来比去，就算比赢了又如何？比赢了就真的有自尊了吗？就真的让人刮目相看了吗？就真的成为了一个成功者了吗？

并没有。

为了不被办公室里一群"时髦"的同事比下去，为了在她们面前赢得一些所谓的"自尊"，白领张小姐最近闹出了一幕"惨剧"。原本打算最近休年假外出游玩的她，由于连续数日饱受假冒香水过敏症状的折磨，不得不每天去医院"报到"。

张小姐才入职不久，工资并不太高，但办公室里的师姐们却一个比一个光鲜亮丽，浑身全是名牌，而且互相攀比得厉害。还有几位姐姐看到张小姐的打扮冷嘲热讽地说她"没品位"。张小姐嘴上不说，可暗地里却较上了劲，工资几乎全部用来买了名牌服饰，才勉强跟上了办公室里众人的节奏，不至于被甩得太远。

那几天不知谁带头，办公室里一众人都开始追捧起一款名牌香水，满屋子都是这种大牌的香味，大家开口闭口谈的也全是这款香水的优点，似乎人人都入手了一瓶，只有张小姐暗地里着急却苦于没钱买。为了不输给同事，在同事面前有"自尊"，不丢"面子"，张小姐想到了一个办法：从网上购买仿冒的名牌香水！很快她买到了一瓶与这款香水一模一样的、价格却极其低廉的同款名牌香水——质量当然不可靠。谁知张小姐对这瓶劣质香水完

全耐受不得，才用了一次就满身疙瘩，红肿一片，这让张小姐吃尽苦头，最终住进了医院。这事还成为了办公室的笑话，让张小姐丢尽了面子……

表面上的风光，有什么意义？鲜衣怒马、锦衣玉食、豪宅名车……比赢了你就真的赢了吗？比赢了你就真的赢得了尊重，拥有自尊了吗？很多时候恰恰相反，攀比来攀比去，不仅没有赢得自尊，反而丢了自尊！

22岁的刘某是重庆某高校的大学生，人长得漂亮，身材也是标准的"衣服架子"。这位90后的女孩最热衷的也正是服饰时尚，特别爱攀比，喜欢与同学、朋友谈论服饰搭配，炫耀自己的服装品味。她不光嘴上说，还非常爱逛商场，每周都要去商场购物。每次外出，她都会带几件新衣服回寝室，件件都是几百元甚至几千元的当季名牌服装。见她花钱如此阔绰，同寝室的同学都认为她很富有。她也经常炫耀说，父亲是某工地包工头，在主城区有车有房。而同学哪里知道，这些货真价实的名牌服饰，都是刘某从商场偷来的。

第一次偷窃，是她在奥特莱斯购物广场购物时，看上了耐克的一件黑色运动衫和一条休闲裤，不过衣服的价格着实很高，她付不起。于是，刘某动了偷窃的邪念。她趁别人不注意，迅速将衣服装入自己的背包，没有被人发现。这一身行头让她在同学面前特别有"面子"，虚荣心得到了极大的满足。尝到甜头的刘某，偷上了瘾，胆子也越来越大，经常光顾各大商场，专偷自己心仪的大品牌。然而世间哪有不失手的贼，不久刘某就被警方拘留了。这下什么面子都没有了。

"卿本佳人，奈何做贼！"为了表面的光彩，为了虚荣心和面子，一个风华正茂、前途美好的女大学生竟然把自己送进了监狱！

虚荣心是扭曲了的自尊心。攀比来攀比去,即便赢了,也赢不回真正的自尊,不过是赢回了一堆虚荣。

攀比能获得满足感,但却只是暂时的。就像生活中一连串的肥皂泡,只是幻影,只是瞬间飞舞的美丽,经不起任何风吹雨打。无论攀比对象是谁,哪怕费尽心机,哪怕倾其所有,最终还是会输得很惨,什么都得不到。一些人因为过分攀比丧失理智,丧失道德,甚至走向犯罪的道路。生活中总有那么一些人,不惜以自己的幸福为代价,非要与他人拼个你死我活才甘心。攀比,拼来比去,无非就是为面子,就是为虚荣。其实在攀比的世界里,从来就没有真正的赢家,所以说,哪怕是在攀比中占了优势,哪怕是把别人比了下去,赢得的也不是真正的自尊,只会是更多的烦恼。自尊不是在攀比中得到的,而是在奋斗中得到的。不管你今天在哪里,在干什么,赚多少钱,只要你在不停地努力、奋斗,你就有自尊。与你穿得是否光鲜,是否有房有车,并没有多大关系。即便为了虚荣心买了房、买了车,在攀比中赢了他人,虚荣心得到了满足,也不会获得真正的快乐。

2. 比来比去,只会让自己灰心丧气

有的人非常喜欢和人攀比,比谁的孩子更优秀,比谁的房子更豪华,比谁的汽车更昂贵,比谁的官大……总之,什么都要比,比过别人就得意扬扬,欣喜若狂,比不过别人就唉声叹气,愁眉苦脸。更有甚者,为了在错误的攀比中出人头地、占据上风,不顾一切地追求个人名利,一步一步

走向腐化堕落的深渊。

俗话说："一母生九子，九子各不同"，人和人本来就不会完全一样，肯定有的赚钱多，有的赚钱少，有的官大，有的官小，甚至还有什么官都不当的，这都是很正常的事情。如果你非要自己和自己过不去，去和别人攀比，用别人的长处来比自己的短处，那只是自找烦恼。攀比会让我们抱怨老天不公，会让我们心情郁闷，破坏自己的好心情。

大学毕业后小丁很幸运地考上了公务员，过着安分守己的平静生活。但是一次高中同学聚会，完全改变了她的心情。大家十年未见了，小丁带着重逢的喜悦前往赴会。昔日的老同学们经商有道，有的住着豪宅，有的开着名车，个个都是一副成功者的派头。他们讲述的生活经历更是丰富多彩、跌宕起伏、精彩有趣的程度远远超过自己。相比之下，小丁的薪水少得可怜，生活刻板得要命，事业、前途、老公、孩子、金钱……没有一处能与这些同学相比。聚会回去，她好像变了一个人，整天唉声叹气，逢人便诉说心中的烦恼。

"那小子，考试老不及格，凭什么有那么多钱？"

"我们的薪水虽然无法和富豪相比，但不也够花了吗？"她的同事安慰说。

"够花？我的薪水攒一辈子也买不起一辆奔驰车。"小丁绝望地说。

"还有那个小红，长得又丑，大学都没考上，凭什么嫁了一个大富翁？"小丁整天想着这些，终日郁郁寡欢，心情再也好不起来了。

看看别人，比比自己，生活往往就在这比来比去中，比出了怨恨，比出了愁闷，比掉了自己本应有的一份好心情。

俗话说，人外有人，天外有天，即便你真的占尽天机，也不一定能比过所有的人。如果事事与人相比，总会有比不过别人的时候和地方。那就只会越比越伤心，越比越气馁，所谓"人比人、气死人"，说的就是这个理。

小娜和小柔是办公室里的好姐妹。不久前小柔买了新房，周日贺乔迁之喜，请了小娜和几个朋友上门做客。

坐在小柔新居宽敞的客厅里，小娜想起自己的蜗居，不禁感到气馁。小柔和老公在客厅里与大家高谈阔论，滔滔不绝，小娜的老公则只管捧着茶杯在一旁呵呵傻笑。

小娜忍不住偷偷地将自己老公同人家老公比了又比，结果只是放大了自己老公的缺点，真是越比越没劲。小娜越想越郁闷，在回家的路上就忍不住埋怨："你看看人家，再看看你！"小娜"恨铁不成钢"，责怪着老公。老公也生气了，两个人大吵了一架，好久都不说话。小娜思前想后，觉得自己和老公再怎么努力，也无力把蜗居换成大房子，不禁越想越气馁，觉得人生都没什么意义了。

比较然后计较，这是许多人烦恼的源头。攀比，会直接影响人的情绪和心理。攀比赢了，获得暂时的满足，却有过后的空虚。攀比不赢，马上就会产生缺憾、沮丧和嫉妒的心理，甚至觉得自己一无是处，产生强烈的挫败感，打击自信心和进取心，严重降低幸福感。

33岁的马小姐在一家企业已经连续工作十一个年头了，一切都算得上不错。而这几天她却陷入了是否跳槽的纠结和困惑之中，常常夜不能寐。这一切都是因为碰到了一个同学。

11年前，刚刚大学毕业的马小姐和同学一起成功应聘到这家大型企业，工作一年多后，同学跳槽离开了这家公司，两个人的联系也少了。前几天公司开会时马小姐又见到了这位老同学，没想到同学已经是从总部空降到公司的一把手了。想到自己在这家企业已经工作了11年，并无建树，而同学直接成了自己的上司，马小姐心理很不平衡，觉得自己大丢面子，都不想在这里干下去了。

一连几个晚上都失眠，马小姐很纠结，是去是留，成了马小姐心中的大难题。去吧，不忍心让自己这么多年的努力白费；留下来吧，心里又确实有些不平衡，凭什么她就比自己强那么多？自己这些年也在努力，难道真的就这么没用，这么赶不上别人？想到这些马小姐灰心丧气，觉得自己真是一个失败者。

攀比过后才发现，自己原来并不一定比别人强。比来比去，更加灰心沮丧、伤心绝望，自己也随之陷入忧郁和不安。早知如此，又何必要比呢？

但总是有很多人就要去比，一看到别人强过自己，就一心想着要超越过去，就开始折腾，开始盲目地改变。而这样往往越改变越糟糕，越改变越比不上别人，生生把自己逼上了灰心和绝望的境地。

易欢大学时学的是英语专业，毕业后到一所学校教英语，做得很不错，因为当老师一直就是她的梦想，教书育人让她很有自豪感。她也暗下决心，一定要在自己的位置上做到最好。但是几年后的一次同学聚会，让她的心理产生了极大的波动。同学们居然没有一个像她一样守在学校教书的。他们有的已经是外企的老总，有的是合资企业的首席执行官，最不济也进了500强，做了中层以上的管理者。只有她还守着当初的梦想，做一个清贫的老师。同学聚会上，大家眉飞色舞地谈论着各自的成就，互相攀比着。只有易欢一个人闷闷地坐在角落里，看着这群光鲜的同学，心中深感失落。她开始怀疑自己的梦想、怀疑自己的价值。于是同学会后,易欢果断辞去了自己喜欢的教师工作,开始在500强中找工作,目的是想做一名成功的商场人士。

遗憾的是,所有招聘的负责人都对她不感兴趣,因为她不善于交际,遇到陌生人更是紧张得语无伦次。为了能够与同学们"平起平坐",能够让同学们不再小瞧自己,她不断地投简历,不断地进入各大招聘会场。然而事实并不如她想象得那么简单,没有从商经验,没有良好的口才,更没有任何业绩,易欢投出的简历如石沉大海。一晃半年过去,她还在失业中飘摇不定,越来越怀疑自己的能力,对自己越来越灰心。

原本安定而自信的日子就因为自己与别人攀比完全改变了。曾经的梦想丢掉了,曾经的自信也丢掉了,曾经的意气风发、曾经的高远梦想,也在日复一日的失望中渐行渐远。

从心理学的角度来分析,人或多或少都会有一种攀比和对照的心理,每个人都向往美好、追求尽善尽美,希望自己的生活比别人好。因此,偶尔"眼红"是正常的。但若总是这样,事事攀比,盲目攀比,只会越比越灰心,越比越生气。因为在攀比的过程中,大多数人都会看到别人的"好"和自己的"不好",于是总觉得自己不如别人好,事事不如人,处处不如意,越比越生气。不是吗?看到同乡一掷千金,心烦意乱;看到同窗名车豪宅,妒火中烧;看到同桌被下属前呼后拥,平添愤懑;看到同事升职加薪,如坐针毡。比来比去,愁肠百结,寝食难安,疲惫不堪,生活还怎么过下去?

任何一种攀比都是让自己受伤害的利器,都会让自己失去快乐,失去自信,失去那些原本属于自己的幸福。盲目攀比,比来比去只会比掉自己的幸福感,比掉自己的进取心,只会让自己灰心甚至绝望。所以,别动不动就拿自己和别人比,那样比只会越比越灰心,越比越沮丧,越比越有挫败感,伤了自己的进取心,也毁了自己的幸福感。

3. 美好的生活从不攀比开始

要想幸福快乐,就要从不攀比开始。看别人过得好,可以羡慕,可以追赶,但没有必要攀比。特别是盲目攀比。你就是一个普通企业的一名普通员工,身材一般、长相普通、收入不高、才华有限,却偏要去和世界名模比身材、和范冰冰比长相、和扎克伯格比财富、和霍金比才华,那不是自找不开心、自找难受吗?人与人不同,何必比来比去弄得自己不开心呢?

云姐在人们眼中是名副其实的"女强人",做事果断干练,为人直率豪爽。她周围的男同事没有不佩服她的利落与干劲儿的。因此,她与那些男同事们相处和谐,称兄道弟。可是突然有一天,她无意中听到同事谈论:"云姐什么都好,就是少了点女人味,你看人家小丽,又温柔又娴静,一看就知道是个贤惠的女孩……"云姐听到后心里很不是滋味。尽管平时她是人们眼里的女强人,但她也希望自己是水一样温柔贤惠的女人。于是在后来的日子里,她尽量让自己变得温柔,走路时婀娜多姿,讲话时柔声细语。然而她越是这样矫揉造作,在别人眼里就越是显得不伦不类,总是让人感觉怪怪的。"温柔"变成了"矫揉",云姐心里很是委屈,整天郁郁寡欢,工作业绩也直线下滑,原本开心快乐的生活也完全变了味道。

这是"云姐"的悲哀,也是太多爱攀比女人的悲哀。攀比的人是可怜的,明明生活得很好,就因为别人无意中的一句话而受影响,这有何价值?女人一旦有了攀比心理,就会有无尽的烦恼,就会有越来越多的无力感。哪怕是倾尽能力去取悦别人,模仿别人,最后还是做不成别人。与其这样,还不如做一个真实的自我来得痛快自然。想让自己变得更完美原本没有错,但因为攀比而毁了自己的快乐生活就得不偿失了。

在我们身边有一些人,有房有车,有好工作,儿女也懂事,父母还健康,可他们还是唉声叹气,患得患失。在他们眼中,有房但按揭,生活压力大,别人一次性付全款的那才叫潇洒;有车但道路拥堵,说不定哪天上班迟到还会挨上司的批评。要是自己是老板就什么都不用愁,想上班就去,不想上班就歇着;儿女虽然乖巧,但没有隔壁家的小孩聪明,将来恐难成大事;父母虽然健康,但不如别人养老金拿得多……这些莫名其妙的理由让他们完全没有了快乐,看不到点滴精彩之处。他们不知道,没房没车的到处都是;老板付出的辛劳远远高于员工……再美好的生活,再多的幸福,在这样的比较中也会被一点点消磨掉,一点点消失殆尽。真正幸福的,反倒是那些安于生活,拥抱生活,安安心心、用心生活着的人。

尽管春光明媚,花园里却是一派萧条景象,大多数花草和树木都枯萎了。橡树奄奄一息地说"唉,都怪我自己,没有松树那么高,但还一直较劲似地拔高自己,结果现在自己的根和土壤都分离了。"

松树在一旁也有气无力地说:"别美慕我了,我为了能像葡萄一样结出甜美的果子,使劲弄掉身上的刺,结果现在不仅没能开花结果,反而变成了光杆司令。"

"得了,可别美慕我了"。橡树和松树一回头,发现说话的是和自己境况同样悲惨的葡萄。葡萄一脸愁容地说:"我一直向往着能够像桃树一样开出美丽的花瓣,于是努力折腾,结果到头来事与愿违,现在连果子也结不出来了。"

在三棵枯树越说越郁闷的时候,不远处却传来一阵欢快的歌声。循声望去,原来是一株茁壮而快乐的小草在唱歌。

"别的植物都枯萎了,为什么只有你长得这么好?"

"因为我是安心草啊,从不羡慕谁,也不希望改变自己而成为谁,我只是安心地做一株快乐的安心草呀"。

拒绝攀比,就像一株快乐的小草自由自在地成长,天空会更加澄澈,心情会更加愉悦,幸福的体验更加真实。拒绝攀比就是学会满足,多珍惜自己拥有的,不去渴望得到别人拥有的,美好的生活就握在自己手里。

其实有什么好比的?别人学历比自己高、房子比自己大、车比自己好又怎样?俗话说,一家不知一家事,家家都有难念的经。日子好不好只有自己才知道。那些光鲜的外表下面掩藏的,也许是一颗不幸福的心。房子再小,里面有幸福的笑声才是真正的幸福;车子再差,总比风吹日晒强。拿自己的不足之处来与别人的优势相比较,是一种无知的表现,也是一种与自己过不去、不容自己有开心日子的愚蠢行为。无端的攀比,会将自己困在压抑和焦虑的情绪之中,这不但影响工作,而且会抑制自己前进的动力,偏离生活的轨道。

每个人都有各自的特点,有长处,也有短处。人贵有自知之明,何必拿自己的短处去和人家的长处比呢?你只要做好你自己就行了。

我们接着来说前面提到的小娜和小柔的故事:

因为自家的房子和老公都比不过小柔,小娜为此难过了好长一段时间。好在小娜也是豁达之人,难过一阵也就算了。过了一段时间,小娜给小柔送东西,正好碰上小柔夫妻俩都在家。只见小柔挽着袖子,趴在地板上打蜡,她老公悠然自得地跷着二郎腿看电视,不时盛气凌人地抬手指点说:"喏,这儿,还有那儿,没擦干净,重擦。"小柔被呼喝着忙来忙去。

小娜实在看不下去了,问小柔老公:"你怎么不懂得怜香惜玉呀,这么粗笨的活儿叫小柔一个人做?"

哪想到小柔老公居然说:"家务当然是小柔的事了,我出钱买了这房,难道还要叫我出力啊?"

小娜为之愕然。回家路上,她想:"小柔一个月也有不错的收入,可就因为老公买了房子,小柔在家只能忍气吞声。想想自己真可笑,居然还羡慕人家的老公。自己家虽然住得并不宽敞,却也其乐融融。老公可舍不得把我呼来喝去的,现在想来,我呀,真是身在福中不知福。"

小娜终于明白了一个道理:千万不要和别人比。其实,人们只看见月亮皎洁、明亮的光辉,却忘记了月亮背面也是有阴影的。

每人有所长,也有所短,情况都不尽相同。所以,谁与谁都不能盲目地攀比。

曾经有一个故事,说老婆爱与邻居夫人攀比。邻居夫人买了个包,她一定会让丈夫陪自己去买个更贵的,邻居夫人买了件名牌衣服,她也会马上去买一件同品牌但更贵的。有一天邻居夫人得了牛皮癣,丈夫问,要不要也来一个?

人活一世,各有各的活法,也各有各的喜好。萝卜白菜,各有所爱,老跟着别人后面学这学那干吗呢?

人与人也不能盲目地攀比,人与人之间原本就没有可比性。三十岁与十八岁的人是没有可比性的,一个没有工作责任心,从来不努力的人怎么去和一个尽职尽责的员工相比?有的人会因为各种原因而遇到好的机会,有的人却打拼半辈子还在原地打转,怎么去比?还有的人天生就很聪明,别人不会的他都会,有的人却天生弱智,怎么去比?家境富裕、条件优渥的人中有很多人，他们的起点也许就是你奋斗一辈子的终极目标，怎么去比？身在职场，做着自己喜爱的工作，那些在大街小巷找工作，到处发简历，吃泡面、住地下室的人又怎么跟你相比？满足于自己的生活，享受当下的幸福，这才是最有意义的事情。一味攀比，不仅忽略了身边的幸福，还会让自己的亲人跟着失去快乐，真没必要。特别是对于女性而言，这种攀比心只会让自己错过幸福，毁掉美好生活。务必要远离盲目攀比这种负面的心理，不去攀比，过好自己的日子。下面几方面内容有利于我们消除攀比心理。

（1）要拓宽心理容量

多想些别人的好处，少想些别人的坏处，不要为一点琐事就感情用事，以避免做出错误的决定和发生意外的行为。

（2）要培养正向的好胜心

在工作中争上游、不服输是好事，但如果没有实事求是的态度，不分析自己的条件和基础，一味地坚持不服输，那就太盲目、太固执了。要消除与己、与人过不去的心态。面对挫折或失败，在气头上的时候不要头脑发热，应想开些，抛弃埋怨和憎恨，消除报复思想。

（3）要量力而行

不要总是将自己与物质条件更好的人做比较，也不要不顾自己的实际能力而过高要求自己。盲目的攀比是拿自己的缺点和别人的优点比，用自己的弱势对比别人的强项，结果可想而知。少攀比就少压力，不攀比就一身轻松。

（4）客观地认识自己，降低期望值

要全面地、客观地、现实地、实事求是地审视自己和对待自己，这样就会大大减少攀比心理的基础，免得招惹许多麻烦。要对自己的理想进行调整，降低期望值，并且了解自己的弱点。这样对自己的付出能换来的享受就可以做到心理平衡了。面对现实通过努力能实现的决不气馁，没有条件的要等待时机，这样遇到挫折也就能保持平衡的心态了。

其实，贫也好，富也罢，生活不是攀比，幸福源自珍惜。保持一颗平常心，以平常心待自己、待世界，凡事看淡，不去攀比，做一个真实而快乐的自己，其实幸福就在自己的手里。

 4. 拥有足够自信，就会不屑于攀比

一般认为，爱攀比的人都是心高气傲、自信自强、不愿意输给别人的人，但事实往往恰恰相反，那些爱攀比的人，恰恰是心底自卑、不自信的人。这确实有些令人意想不到。

佳佳和丽丽从小一起长大，又一起上了大学，在外就业。年年春节回家，两人也都结伴而行，高高兴兴一起回家。但是这两年，两人却越来越疏远了，原因是佳佳的妈妈爱攀比、爱炫耀。每年佳佳一回来，佳佳妈就爱把佳佳带回家的"年货"拿出来炫耀，而且越炫越厉害，还故意贬低丽丽，说丽丽就不爱带东西给父母。这让丽丽妈妈很是气愤，于是一到过年就不停地让丽丽买这个买那个带回家。有些东西根本就是没有必要买的，丽丽劝了妈妈几句，没想到惹得妈妈很不高兴。丽丽就去和佳佳说，要不然回家时都少买些东西，那些没什么用的、尽是"面子货"的东西能不带就不带吧，免得父母比来比去，多没意思啊。佳佳表面上答应了，但回家时依然大包小包的，佳佳妈又炫耀了好久。丽丽妈脸上很是挂不住。

第二章
杜绝攀比，自强的人生更给力

丽丽没想到，佳佳原来就是想要攀比才故意带了那么多东西回家的。过年时她再也不和佳佳一起回，两人开始疏远。在妈妈的要求下，丽丽不得不回家时带很多东西，还给父母很多钱。好在丽丽工作不错，收入很高，能满足妈妈的虚荣心。佳佳就惨了，公司不太景气，收入减少，为了不输给丽丽，不得不借钱回家过年。后来实在没办法了，都不敢回家过年了。乡邻问起来，佳佳妈支支吾吾地红了脸。其实这一切都源于佳佳妈，因为她们家条件一直不太好，心里很自卑。好不容易家里出了佳佳这个大学生，佳佳妈觉得终于可以在乡邻面前争点面子了，所以才一再要求佳佳多带东西，一定要超过丽丽才行。

因为一直生活拮据，好不容易盼得孩子大了，能挣钱有指望了，有些父母希望能通过孩子消除一些自卑感，找回一些自信。于是就像佳佳妈一样不断地和别人攀比，以至于很多年轻人过年时"没脸回家"或是不敢回家，因为被回家过年的"攀比风"吓坏了。《人民日报》发过一篇《"没脸回家"的年轻人应得到关注》的文章，说的就是这些被攀比吓得不敢回家的孩子。过年回家，家乡父老都喜欢将年轻人对比一番，对比的标准无非就是看谁的工作好、赚钱多，正是这样的对比让混得不好的年轻人，望回家之路而却步。本来过年回家是很单纯的问题，但就在人们的对比之下变得复杂，变成了年轻人的"心病"。都说"人言可畏"，一些年轻人也许就是畏于家乡父老的对比，才在回家之路上变得畏首畏尾，沦为"恐归族"。

其实比什么呢？年轻人本来就前途难料。今天拿着高薪水握着好项目，正在五百强大公司里意气风发、踌躇满志，明天或许就被炒了鱿鱼，一切需要重头来过；今天还在住地下室、吃方便面、在小酒吧驻唱，说不定明天就"一举成名天下知"，谁知道呢？这样的攀比有什么意义？但对于心里有自卑阴影的拼搏者及他们的父母，则不会看得这么深、这么远，他们只看到眼前，只想在攀比中获胜，在炫耀中找回一些面子和自信。

越自卑的人越爱炫耀、越喜欢攀比,因为他们没有自信,只能在攀比和炫耀中找到自己的存在感,所以我们常看到,越是没钱的人越喜欢炫耀,越是最底层的人越喜欢攀比。

小杨的事例就很典型。因为出身贫寒,好不容易跳出"农门"上了大学,在大城市里安下身来,但心中的焦虑感和自卑感却一直如影随形,所以她特别爱炫耀和攀比。买了件新衣服,想方设法到同事面前显示一番;孩子考试得了第一名,她也以最快的速度让同事知道;家里买了车,她开着去上班,在同事面前炫耀一番。而一旦别人的某些方面比她更优秀,她心里就像打翻了五味瓶,不是个滋味……看到邻居家都买宝马车了,自家买不起就埋怨丈夫无能,弄得丈夫一肚子气;看到以前的同学当局长了,心里酸溜溜地不是滋味,嫉妒了千百回;看到姐夫家又买了房子,也吵着再入手一套;看到朋友家的孩子进了重点学校,就削尖了脑袋也想送自己的孩子进……

仔细分析起来,这都是因为心底深处的不自信在作怪,她需要通过攀比和炫耀来掩饰心里的不自信。她不愿意别人小看自己,怎么弥补呢?她想到的最好的办法就是跟别人比,只要比过她们,自己心里就满足了,心理得到安慰,就有了面子,就很高兴。

从心理上分析,这样炫耀、攀比的心情和状态就是"孔雀心理"。大家都知道孔雀开屏美丽绝伦,但可惜的是这一盛况不能经常见到,于是聪明人就想了一个办法,利用孔雀爱美的心理让它开屏。孔雀一向认为自己是最漂亮的,眼里容不得其他鲜亮娇艳的东西,所以如果你在它面前晃两下色彩艳丽的丝绢,它就会立刻展开美丽的尾巴迎接挑衅,和人们比美,这样就可以让人们看到它美丽的开屏了。

孔雀可以有这种心理,因为开屏好看,但一个人一旦产生强烈的"孔雀心理"，不停地攀比、炫耀，就容易陷自己于不停比较、争强好胜的境地，而且常常是为了虚荣和面子盲目攀比，让自己疲累不已。"孔雀心理"其实源于根深蒂固的不安全感，源于心底的不自信。自己不自信、没信心，才会处处依照别人来看自己，来衡量自己的荣辱成败。真正自信的人，才不屑于去攀比，他们自有自己的方向和坚持，很少会在乎他人的看法和想法，更不会与他人去攀比，而是执着、努力地去做自己该做的事。

在女性的诸多良好心态中，"自信"应列于前位，因为自信让你神采飞扬，焕发出独特的气质，从而更加美丽动人。自信的女性总是精神焕发、昂首挺胸、神采奕奕、信心十足地投入到生活和工作当中。自信的女性不惧怕失败，她们用积极的心态面对现实生活中的不幸和挫折，她们用微笑面对扑面而来的冷嘲热讽，她们用实际行动维护自己的尊严。这一切都淋漓尽致地表现出自信者的气质，一种坦诚、坚定而执着的向上精神，一种令人折服的优雅。

一家跨国化妆品公司要在北京高薪招聘一名市场推销人员，前来报名的人里不少人有博士文凭。一个四十多岁的下岗女工张丽也参加了此次招聘。她所在的化妆品公司，因为经营不景气而倒闭。城门失火，殃及池鱼。跑了十几年化妆品推销的她，也因此丢掉了工作。她满以为依靠自己多年的营销经验，可以从众多的求职者中脱颖而出。可是，事与愿违，由于文凭低、年龄偏大，在面试的第一轮她就被淘汰了。据了解，一名博士得到了这份令人羡慕的工作。

张丽是个十分自信的人，她觉得以自己的经验和能力，这份工作非自己莫属。于是她决心找公司的领导谈谈，再争取一次。但是老总工作忙碌，没有时间接待她。都快一个星期了，她如同上班一样，一大早就按时到那家公司门前，却一直没有机会。有人认为，她也许得了心理疾病，大堂几位值班人员劝她，不如再到其他公司去碰碰运气，也许用不了多少时间，就可能找到一份工作，何必在这里浪费自己的时间呢？但她是个执着的人，认定了自己最适合这份工作，一定要再争取一次机会。

这天从夜里开始，就下起了多年来少见的鹅毛大雪，地上的积雪也有半尺多厚。如此恶劣的天气张丽依然没有放弃，她顶风冒雪骑着自行车早早来到了公司的门口，冻得面色苍白，浑身颤抖。也是运气刚刚好，公司老总这时也到了，见状动了恻隐之心，让她到办公室内暂且暖和暖和。

张丽可不会放过这么好的机会，一坐下就和老总聊起化妆品的营销来，并且说得头头是道。公司老总与她谈得很是投机，觉得她虽然文凭不高，但是职业素养和能力却很出众。他心想：这不就是公司需要的优秀员工吗？真是踏破铁鞋无觅处，得来全不费工夫。这么好的人才怎么当时招聘时就看走了眼呢？这天刚好是被录用的那位博士报到的日子，但上班时间到了，博士却并没有到。打电话给博士，博士说这么大的雪来不了，而且自己离公司距离比较远，要不明天再去报到吧。老总一听就不高兴了，一个刚录用的员工怎么就是这样的工作态度。他当即决定，因为博士不按时报到，公司解除与他签订的劳动合同，然后与张丽签订了合同，当天张丽就上班了。

或许有人会说张丽是幸运的，遇到了机会，也有人会说张丽是因为有了足够的工作经验才得到了这份工作。其实不然，张丽之所以能够得到这份工作，是因为有足够的自信。在她看来，就算是博士也不一定能超过自己。博士毕竟只是一个刚从学校出来的"毛头小子"，而自己才是在圈子里打拼了十几年的职场"大姐"。博士学位只能证明他过去学习中的努力，要讲实际经验，她还是胜出的。有了这种想法，她才敢去争取，才敢去与博士比赛，并最终取得了胜利。

第二章 杜绝攀比，自强的人生更给力

自信是成功的第一秘诀。自信心就像能力的催化剂一样，它可以将人的一切潜能都调动起来，将各部分的机能推进到最佳状态。人在自信心的驱动下，敢于对自己提出更高的要求，并在失败的时候看到希望，最终获得成功。

◇◇◇◇◇◇◇◇◇◇◇◇◇◇◇◇◇◇◇◇

环球小姐吴薇原来只是一名银行职员，根本没有舞台经验，但她所展示的那份自信、优雅的魅力，征服了所有评委。

2003年4月，吴薇参加了环球小姐中国赛区的比赛。她希望趁自己还有较好的状态时去认识一下五湖四海的女孩。吴薇注重的是参与的过程而不是结果，所以尽管在分赛区的比赛中，她只得了第四名，但她还是积极地参与到总决赛的培训中，把自己最好的精神风貌带到总决赛。自信的她终于捧得中国环球小姐的桂冠。吴薇认为自己获胜的最大优势便是自信，自信是对美丽最好的诠释。每一个自信的女孩，都能站到舞台上，也都有机会拿到属于自己的人生大奖。

在后来的全球比赛初赛中，吴薇仅排在第17名，无缘决赛。因为环球小姐评选跨越不同肤色、不同种族、不同文化，东西方必然存在强烈的审美差异。但吴薇并不为了迎合评委而改变自我，她为自己是一名开朗而又内敛、含蓄的中国女性而自豪。虽然没能进入决赛，但通过吴薇出色的表现，世界人民看到了中国女性的风采，这就已经足够了。

比赛结束后，吴薇恢复了本色，她非常珍惜银行的那份工作。觉得那里是最适合自己的地方。明星的光彩毕竟只是一时的，而职业的美丽才是永远的。

◇◇◇◇◇◇◇◇◇◇◇◇◇◇◇◇◇◇◇◇

自信是一种积极的、正面的精神状态，它使人的内心饱满丰盈，外表光彩逼人。正所谓水因怀珠而媚，山因蕴玉而辉，女性因自信而美。自信

的女性从容大度，舒卷自如，双目中投射出安详坚定的光芒。对于那些事业有成的女科学家、女企业家、女作家……以及在舞台银幕上耀眼的女明星们来说，自信使她们更美丽、更健康，也更加出色。这样的女性，又怎么会醉心于那些庸俗不堪的比吃、比穿、比车、比房的攀比中呢？

当一个人自信的时候，是他完全处在自由状态的时候。一方面，他可以自由选择自己喜欢的事情，另一方面，他又愿意去承担因自己的选择所带来的困难。所以他就能坚持自己的方向，走自己的路，而不是总看着别人，和别人攀比。他们相信，别人有别人的活法，我有我的道路，根本不担心别人的看法，也不需要在攀比中去获得别人的承认。只有缺乏自信的人，才会期盼能在比吃、比穿、比车、比房、比家庭、比老公的攀比中扳回一局，找到些价值感。因为自卑，她们感觉自己不如别人，好像比别人低一等，轻视、怀疑自己的力量和能力，不敢大胆进取，只能落于庸俗之中，在攀比中找到存在感。这是很可悲的。

所以，职场女性要远离攀比，首先要建立足够的自信。有了足够的自信，就不会再沉迷于攀比，不会再需要从比较中获得满足感。美貌可让女人骄傲一时，自信却使女人优雅一生。

要成为自信者，就要像自信者一样去行动。面对社会环境，我们每一个自信的表情、自信的手势、自信的言语都能真正培养起我们的自信。每一个人都有感觉不自信的时候，特别是女性，极容易陷入自卑，所以要一直训练自己的自信心。训练自信最快、最有效的方法，就是勇敢地去做自己害怕的事，直到获得成功。

(1) 突出自己，挑前面的位子坐

在各种形式的聚会中，在各种类型的课堂上，后面的座位总是先被人坐满，大部分占据后排座位的人，都希望自己不会"太显眼"。他们怕受人注目的原因就是缺乏信心。坐在前面能建立信心。因为敢为人先，敢去人前，敢于将自己置于众目睽睽之下，就必须有足够的勇气和胆量。久之，这种行为就成了习惯，自卑也就在潜移默化中变为自信。另外，坐在显眼的位置，就会放大自己在领导视野中的比例，增强反复出现的频率，起到强化自己的作用。把这当做一个规则试着去做，从现在开始就尽量往前坐。虽然坐前面会比较显眼，但要记住，有关气质的一切都是显眼的。

（2）睁大眼睛，正视别人

眼睛是心灵的窗口，一个人的眼神可以折射出性格，透露出情感，传递出微妙的信息。不敢正视别人，意味着自卑、胆怯、恐惧；躲避别人的眼神，则折射出阴暗、不坦荡心态。正视别人等于告诉对方："我是诚实的，光明正大的；我非常尊重你，喜欢你。"因此，正视别人，是积极心态的一种投射，是自信的象征，更是个人气质的展示。

（3）昂首挺胸，快步行走

许多心理学家认为，人们行走的姿势、步伐与其心理状态有一定关系。懒散的姿势、缓慢的步伐是情绪低落的表现。反过来，通过改变行走的姿势与速度，有助于调整心境。要表现出超凡的信心，走起路来应比一般人快。将走路速度加快，就仿佛告诉整个世界："我要到一个重要的地方，去做很重要的事情。"步伐轻快敏捷，身姿昂首挺胸，会给人带来明朗的心境，会使自卑逃遁，自信油然而生。

（4）练习当众发言

面对大庭广众讲话，需要巨大的勇气和胆量，这是培养和锻炼自信的重要途径。在我们周围，有很多思路敏锐、天资颇高的女人，却无法发挥她们的长处参与讨论。并不是她们不想参与，而是缺乏信心。从积极的角度来看，如能多发言，就会增加信心。

（5）学会微笑

大部分人都知道笑能带给人自信，它是医治信心不足的良药。但是仍有许多人不相信这一套，因为在他们恐惧时，从不试着笑一下。真正的笑不但能治愈自己的不良情绪,还能马上化解别人的敌对情绪。如果你真诚地向人们展示微笑,他们就会对你产生好感,这种好感足以使你充满自信。正如一首诗所说:"微笑是疲倦者的休息,沮丧者的白天,悲伤者的阳光,大自然的最佳营养。"

(6) 多用正面信息鼓励自己

有自卑心理的女性更应当多训练自己的自信,多用正面的信息鼓励自己。比如一早起来,照着镜子,对自己说"今天成绩揭晓,我会不会失败","失败"就是个负面消极的词句。要建立自信就要停止使用这些负面消极的词句,多用一些正面积极的词句,例如:"我今天会成功!",经常这样练习就可以找回自信。

(7) 自强独立

自信的人通常都是比较独立的人,因为独立的人通常不是无助的人,他们都会自己解决难题。只有不够独立的人,才会经常觉得自己非常无助,经常需要别人的帮忙。假如要做一个自信的人,就要学习做一个独立的人。平常要有意识地选择与那些性格开朗、乐观、热情、善良、尊重和关心别人的人进行交往。在交往过程中,你的注意力会被他人所吸引,会感受到他人的喜怒哀乐,进而跳出个人心理活动的小圈子,心情会变得开朗起来;同时在交往中,可以多方位地熟悉他人和自己,通过有意识的比较,可以正确了解自己,调整自我评价,提高自信心。

(8) 重视外表

有时候自信可以来自一个人的外表。假如你不够自信的话,就要装扮自己,让自己增添自信。长得不漂亮或者不帅也没有关系,长相不是最重要的,最重要的是整体的装扮和气质。女性平时要重视自己的外表,穿着合身恰当,能很好地体现自己的气质,做到整洁优雅,稍微化一点妆,让自己整体看起来感觉很舒服,自信心就会油然而生。

拥有了足够的自信时,也就不会再去与身边的人盲目攀比,因为你眼中的他们,即使以前成就很大也不过是过去,你一定可以超越他们。有了这份自信,也就不屑于与他人攀比,因为我们明白,那些攀比其实毫无意义,无聊的攀比远不如积极的进取对人生更有益处。

5. 目标高一些,看得更远,就不会去攀比

俗话说:"有志者,事竟成。"远大的志向,是人生前进的目标和导航的灯塔,是鼓舞人们努力拼搏的动力。志向越高远、目标越宏大的人,胸怀越宽广,眼界越开阔,看世界和做事情的方式和方法也就不同于一般人。所以,从古至今,人们都很重视立志,很重视定下高远的目标。所谓"取乎其上,得乎其中;取乎其中,得乎其下"。

对于女性来说,更是如此。一个目标高远的女性,向着心目中的诗和远方,自然不会沉迷于眼前的苟且,不会让自己陷入庸俗,去攀比、炫耀。目标高远的女性,有自己的梦想和追求,眼界远远高于柴米油盐,更没有大手大脚、攀比、炫耀的习惯,反倒是崇俭戒奢、质朴无华。有再多的金钱,哪怕是世界首富,也低调俭朴、平凡如故。脸书(Facebook)马克·扎克伯格的华裔妻子普莉希拉·陈就是这样一位女性。

2016年9月,Facebook创始人马克·扎克伯格和华裔妻子普莉希拉·陈宣布:将在未来10年投入超过30亿美元(约205亿元人民币),用于研究疾病的治疗,期望在本世纪实现对所有疾病的治疗、预防和管理。这也是这对夫妇在2015年12月承诺捐出Facebook的99%股权用于慈善后的后续落实!这部分股权当时高达450亿美元。在大家对这个感人计划的一片赞扬声中,扎克伯

格背后的女人普莉希拉·陈又一次进入了公众的视野。

妻子普莉希拉·陈是扎克伯格在哈佛大学读书时的同学,她的父亲是旅居越南的华裔,母亲是越南人,70年代的时候,夫妻二人坐着难民船从越南来到了美国,后来在波士顿开了一家叫"亚洲风味"的中餐馆。普莉希拉三姐妹就出生在这里。为了维持生计,陈的父母每天要工作18个小时,没时间照料孩子,所以三姐妹都是由只会说中文的爷爷奶奶带大的。

尽管经济不宽裕,但爸妈坚持一定要让孩子接受教育。13岁时普莉希拉就立下了考上哈佛大学的志向。

中学时,她获得科技挑战赛的冠军,得到2010年度的环境研究奖,还被票选为"班级天才"。她也积极参加各种学校活动,加入了校机器人队,也是校网球队的成员。后来她考上了哈佛大学医学院,进入了金字塔的塔尖,成为他们家第一个上大学的孩子。

普莉希拉与扎克伯格是在2003年哈佛大学的一个聚会上认识的,他们当时都在排队上厕所……那一年,他19岁读大二,

她18岁读大一。2007年,她从哈佛毕业,拿下生物学学士学位,同时学习了西班牙语。哈佛毕业时,她和扎克伯格已经谈了几年恋爱,Facebook也成了美国排名前10位的网站。就在大家都以为她会去Facebook做贤内助时,她却跑去一所小学,给四五年级的孩子当起了自然课老师。2008年,她进入了全美排名前三的加州大学医学院,开始儿科研究生课程。

从2003年相识,这对80后夫妇经历了辍学、毕业、异地恋、

租房、找工作、创业、上市等事情。2012年5月19日，27岁的普莉希拉结束与扎克伯格9年的爱情长跑，低调完婚。参加婚礼的宾客不超过100人。原本大家以为他们参加的是普莉希拉从加州大学医学院毕业的庆祝仪式，去了之后才发现，一贯穿运动服和牛仔裤的扎克伯格居然西装革履，而普莉希拉更是以一袭婚纱亮相。这时宾客们才知道自己参加的是一场婚礼。每个人都震惊了：要知道这可是世界富豪的婚礼啊，居然如此简单！他们的婚戒并不是闪耀着光芒的"鸽子蛋"，而是扎克伯格亲手设计的一只"极简红宝石"戒指。

而这些，全是因为普莉希拉。普莉希拉就是一个低调、俭朴、不喜奢华的人。但她以对自己足够的自信，为自己赢得了位置，甚至开始改变这个世界。

以世俗的眼光来看，普莉希拉相貌太过平常，甚至还有些难看。但她从来不像那些世俗的女孩子一样去动手术，让自己变得更漂亮。她就做她自己，真实的自己，不和任何人比，也不怕任何人议论。

嫁给了世界首富扎克伯格，普莉希拉算得上是真正的富人了，但普莉希拉从未有过半点炫耀和自豪，从不奢华，更不张扬，甚至对家财万贯完全不以为意。《时代》周刊曾提到，她在和扎克伯格的姐姐兰迪逛街时，拿起一双600美元的鞋，兰迪劝她说："买了吧，你有钱。"普莉希拉却说了一句："那不是我的钱。"

她一直过着俭朴的生活，从未改变。她从不用奢侈品，穿衣服也以简单为主。和扎克伯格一样，经常是廉价的连帽衫或是运动装，没有名牌，更少有珠宝首饰。她平时也不怎么化妆。结婚度蜜月时，两人就坐在路边，轻松愉快地吃着麦当劳，让人惊讶于他们的随性和自在。

普莉希拉从不虚荣，她从来没有张扬过自己的头衔，没有以丈夫的名义炫耀过一次，也从来没有因为自己平凡的相貌而自卑过。她走在丈夫身边，与丈夫一起出镜，却自有自己的风采和气场，她的自信、低调和随和深深地打动了世人，再没有人觉得这个相貌一般的姑娘是走了大运才嫁了世界富翁，她有自己的独特风韵，有自己的目标和追求。

2015年夏天，她完成了住院医师的培训，去旧金山总医院当了一名儿科医生。她也在加州东帕罗奥图创立了一所非营利性私立学校the primary school，专门招收低收入家庭的孩子，学费全免。学校里不光教课，还给学生和家长免费治病和心理辅导。同时，她也开始积极推动扎克伯格投身公益事业：在她的鼓励下，2012年扎克伯格捐赠了1亿美元给新泽西州一所学校。扎克伯格还在Facebook上推出了一个器官捐献的注册工具，第一天就有10万人登记。扎克伯格在接受美国ABC电视台的记者采访时说："最近普莉希拉看着很多孩子的病越来越重却无计可施，没想到突然有人捐献了器官，她回家的时候整个脸都散发着光彩，那些孩子因此起死回生了。"Facebook还开发了Amber Alerts功能，帮助找寻被拐卖的儿童。2015年12月，他们迎来女儿Max的出生。随即他们承诺捐赠自己Facebook的99%股权，约450亿美元给慈善机构，用以发展人类潜能和促进平等。

这就是普莉希拉·陈，一个善良、优秀又有智慧的女人。她没有好的出身，也不是大众眼中的美女，但照样拼成了人生赢家。她的心里想着世界，她有更美好的追求和更高远的目标，因而她的眼里没有任何值得攀比和炫耀的事情，她的时间和精力正在用于她追求的事业，她正用自己的力量，改变着现有的教育格局，身体力行地让这个世界变得更好！

追求高远的目标，就会让人远离庸俗，这就是一个智慧、优雅、上进、努力又低调、淡定的女性给予我们的财富，这就是普莉希拉给我们的启示。

高远志向是对幸福的憧憬、向往和追求，幸福就是能够实现我们的高远志向。在对志向的追求过程中，能够唤醒人们的极大热忱，获得精神上的充实感，这本身就是一种幸福和满足。有了这样的幸福和满足，又何必再去感受那些狭隘的、低俗的、虚荣的攀比呢？只有没有目标、不知道努力的人，才整天沉迷于无聊的攀比。

在这方面，瑶瑶感受最深。

因为父母长期不和，也没心思管她，瑶瑶小学、初中学习很差，高中再怎么努力，也没能赶上来。瑶瑶考大学时分外艰难，拼尽全力才考了个高职专科，学习酒店管理。说白了，就是以后的酒店服务员后备军。当然了，由于是高职，所以安排工作至少也是三星以上的酒店，而且几乎是定向培养，只要毕业，都有工作。一班同学完全没有学习的动力：只要混满三年，就能顺利上班，那就混呗。

但瑶瑶有不同的想法，她其实一直有个很远大的梦想——考上北京大学。酒店服务从来不是她的梦想，她也不甘心一辈子就端端盘子、鞠鞠躬，或是抖抖被子、问问好，上班第一天就能看到三十年后退休时的模样，她想要拼搏三年，考上北大的研究生。

这样的梦想，在这样一群同学中间，就是一个大笑话，同学们都认为她疯了。这不是现实版的痴人说梦吗？这不是标准的癞蛤蟆想吃天鹅肉吗？

于是，瑶瑶被彻底地孤立了，在同一个宿舍住着，同一个教室坐着，却像活在两个世界。同学们谈吃、谈穿、谈帅哥，比胸、比脸、比男朋友，叽叽喳喳、欢欢喜喜，热衷于各种攀比，只有瑶瑶常年不变地捧着一本书拼命地读。

不减肥、不化妆、不买名牌服装，钱都拿来买书和学习资料，时间都拿来学习、上补习班，瑶瑶拼了命地学习，寒暑假也从不懈怠，后来她如愿考上了北大的研究生，并成功地进入一家国际公司，拿着她的同学们想都不敢想的高薪！

记得那句有名的话吗？"燕雀安知鸿鹄之志哉！"是的，燕雀安知鸿鹄之志，燕雀注定只会在篱笆间跳来跳去，忙忙碌碌寻些食物，叽叽喳喳弄些是非，攀来比去，自以为幸福。鸿鹄志在高天，心栖云间，岂会去与燕雀争食，与燕雀比美？

"站得高才看得更远"，这是真理，只有让自己所在的位置更高，目标更远，我们的眼光才能更远，我们的行为才能远离虚荣和庸俗，才不会在鸡零狗碎的琐屑中消磨掉大好的时光，才会用尽全力向着更高远的目标努力。只顾眼前利益的人是不可能看到远方的。职场上那些一生庸庸碌碌的女性，从来没有想过自己这一生究竟要什么，活出个什么样来，整天只顾着看身边的同事，谁比自己工资更高，谁休息的时间更多，谁得到领导的表扬最多，谁穿的衣服漂亮，谁又买了名牌……就这样一天天把最好的时光消磨殆尽了，半生已过，回首却一事无成。

但总有很多人不明白这些。现实中总有很多女性特别迷恋这些红尘琐事，爱攀比、爱炫耀，同学见面，老乡聚会，偶遇聊天，谈论的都是房子、车子、票子，比来比去的都是金钱名利，看谁更厉害。一旦发现自己有哪些地方超过别人，就忍不住炫耀起来。其实有什么值得炫耀的？炫耀房子大的人，也许正背着几十年按揭贷款未还清，还欠了亲戚朋友的一堆借款。炫耀车子豪奢的人，也许有一天发现堵车在路上的时间比步行还长，保养车每月费用至少千元，即使扔到二手车市场想卖掉，老旧车只卖废铁价，有什么可炫耀的呢？

俗话说，人越缺少什么，就越爱攀比、炫耀什么。攀比、炫耀，只是将现有的某种东西无限放大来掩饰内心空虚的一种表现。炫耀出国访问交流的人，可能因为很少能够出国。炫耀会开车的人，可能因为平时几乎不开车。炫耀自己老公很有钱的人，可能因为麻雀飞上枝头变了凤凰，自己以前没钱……越没有什么，可能越想要炫耀什么。于丹说过一句话，攀比和炫耀是为了引人注意、成为焦点，想高人一等，想让人夸自己，羡慕自己，满足虚荣心。一旦比不过，虚荣心满足不了，就会陷入焦虑、困惑、灰心、沮丧中难以自拔。

不如给自己定一个高远些的目标，追求更美好、更宏大的梦想，就不会让自己沉迷于这些低俗、浮华的攀比之中，就不会让自己生活在庸俗浅薄之中。当我们规划好自己的人生，明白自己要走什么样的道路后，就会把目光放到更远的地方，那里才是我们想去的地方，至于眼前这些琐事，小得小失，不会去计较，也不会因为这些小事而让我们失去目标。把自己的每一天都交给有意义的工作，认真并努力地过好每一天，我们就不会与他人攀比，也无暇去攀比，因为我们的目标是更远的前方。

 ## 6．多看自己拥有的，懂得知足，就没有必要攀比

远离攀比，还要懂得知足。所谓知足常乐，对自己拥有的一切珍惜又满足，世间还有什么比这样的生活更快乐幸福的呢？

古人说："知足者富，知止者久。""知足常足，终身不辱；知止常止，终身不耻。"知足才能知止，才能常乐，知足才能恬然心静，才能悠然南山，才能正确对待名利、对待金钱、对待成功，才不会得陇望蜀，贪欲不止。知足，就是懂得自我满足，珍惜拥有，不做过分企求。

人的一生到底要多少才会满足呢？也许永远不会满足，但我们真正需

要的，不过是睡着的这三尺地方。所以，要懂得知足，学会知足，知足方能常乐。做人知足，看似保守，却蕴藏着蓄势待发的巨大力量。学会满足，看似退却，却无形中扩张了胸襟，得到了快乐。知足常乐是一种良好的心态，它让你以平和的心态来面对工作、生活中的种种诱惑。不懂得知足，就会放大自己的贪欲，就会助长自己的虚荣心，就会驱使自己去与他人攀比，并在攀比中沉沦。

王小姐毕业于地方一所大学，在一家大公司当会计。虽然工作很繁重，也很受领导赏识，但由于是步入职场的新人，所以工资并不高，只有3000元。不过度过实习期，工资会有一个较大的涨幅，那时生活一定会更好。按说王小姐应当知足了。但有些爱虚荣的她，却没有好好珍惜。她的一些同学中不乏"混得好"的，工资是她的两倍，消费水平也很高。每到周末时，老同学们常聚会，出入一些高档场所，为了面子，王小姐从不拒绝，有时还争着买单，平时也处处与他们攀比，不愿落到别人的后面，为的是让别的同学也把她归入"混得好"的行列中。她还不惜借钱购买高档衣服、名牌项链、戒指来炫耀自己。但是这样的消费岂是她的工资能负担得起的？周围人羡慕地夸奖她有钱，她只说是爸爸妈妈帮她买的。其实是她把手伸向了公司，贪污挪用了公款。最终案发，刚工作两年的她，竟然利用职务之便贪污公司财产达40多万元，王小姐最终受到了法律制裁。本来公司领导一直很看重她，准备重点培养她的，谁知到头来是这样的结局。

虚荣心害死人！虚荣的人为了所谓的面子，不惜用谎言、投机等不正当手段捞取名誉，装门面，比豪奢，因为有攀比的对象在前，拥有多少也不会让他们知足，而正是这种不知足让他们断送了自己的前程。

不懂得知足，是很可怕的心态。清代胡澹庵的打油诗《不知足》，把

第二章 杜绝攀比，自强的人生更给力

这种可怕描述得活灵活现：

终日奔忙只为饥，才得有食又思衣；
置下绫罗身上穿，抬头又嫌房屋低；
盖下高楼并大厦，床前缺少美貌妻；
娇妻美妾都要下，又虑出门没马骑；
将钱买下高头马，马前马后少跟随；
家人招下十数个，有钱没势被人欺；
一铨铨到知县位，又说官小势位卑；
一攀攀到阁老位，每日思想要登基；
一日面南坐天下，又想神仙来下棋；
洞宾与他把棋下，又问哪是上天梯；
上天梯子未做下，阎王发牌鬼来催；
若非此人大限到，上到天上还嫌低。

看看，不知足的人，即便给他天下所有的一切，他还是不会满足的，还会贪心不足，还会不断攀比，和皇帝比了还要和神仙比，和神仙比了还要和佛祖比，永远没完没了。

知足福满门，知足常乐，知足就有清闲安乐命！不知足则永远劳苦、永远不安、永远享受不到幸福！

人生百年，不如意事常八九。所谓人比人气死人，涉及名誉、地位、钱财——人与人之间实在没有多大的可比性。这倒不是说自己一定比别人差多少，而是机会这东西总是偏心眼。有的人官运亨通、财源滚滚、美人拥簇、宝马香车，诸多好事得来全不费工夫；轮到自己就不同了，千辛万苦，百般努力，可"好事"总和你"捉迷藏"，可望而不可即。每当此时怎么办？怨天尤人？没用。抱怨命运不公？也无济于事。撒泼骂街？也只能是丢人现眼。最好的办法，就是多珍惜自己拥有的，脚踏实地地追求现实目标，

幸福感才会如期而至。

　　知足常乐，不是要我们盲目乐观、沾沾自喜，也不是说安于现状，没有追求，没有目标，而是说懂得取舍，也懂得放弃，懂得适可而止。"君子有所为，有所不为。"对于事业我们应该孜孜以求，而对于那些名利之事，我们大可不必计较，还是随遇而安的好。凡事量力而行，不气馁、不强求，保持一种平和的心态，我们就会在每一言、每一行和每一件事中获得生活的乐趣。

　　人的欲望是无止境的，有了欲望才会不断地努力寻求想要的结果，欲望越大意味着要付出的就越多，但是当自己没有能力去达到目标时，或许有的人心情会一落千丈，从此一蹶不振；或许有的人会加倍付出，直到达到想要的结果为止。在自身能力承受得了的情况下，达到一种平衡的生活状态就行。只要心态好，过着比上不足比下有余的生活，也很幸福，所以知足常乐。

　　人生在世，最舒心的享受不一定是物欲和金钱的满足，粗茶淡饭也可以开心快乐。喜怒哀乐，都别太执着于心，今天苦恼的事，以后或许会变好事；今天高兴的事，以后或许是坏事。最重要的是我们要以一颗平常心看待。拥有一个蜗居，至少比没地方住强，拥有一辆廉价代步车总比等公交强。一个人要多珍惜自己拥有的，才能有满足感，总是拿自己的不足来与别人的优势作比较，那我们就会永远生活在失败中，站不起来。已经拥有的就是我们的幸福，我们要懂得知足和珍惜，希望得到的，我们继续奋斗，努力追求。这种心态才能让我们不去攀比，不去因为生活中的比较而受伤害，而是获得生命中最平凡无奇的幸福。

7. 自立自强，奋斗的人生更精彩

人生必须要有正确的目标和追求，活着才会有意义。女人尤其如此。对于现代女性来说，真正精彩的人生，不是锦衣玉食、香车宝马，也不是如花美貌、如意郎君，而是有梦想，有行动。这样的女性，绝不会庸俗到与人比名牌服饰、外貌身材、车、房和孩子，她们有自己的追求，有自己的事业，并且在自己的工作岗位做得风生水起。这样她们在任何时候都能神采飞扬，都能意气风发，都能快快乐乐。

秦越长得很美，很有女性魅力，在一家大型汽车销售公司做经理。六年里，她从一个普通的推销员到现在的经理，这中间的辛苦只有她自己知道。

她的丈夫在家族企业里当总经理，丈夫多次要求她来管理一个分公司或在家做全职太太。她想也不想就拒绝了，明确表示不想依靠丈夫，也不想依靠家族，"自己的事业要靠自己去拼搏，而不是谋求别人当保护伞，那样只会让自己安逸地失去自我。只有多吃点苦，才能实现自我，一旦你发现了自己，就会感到自己才是最具潜能和最为可靠的宝藏"。

去上班时，秦越隐瞒了自己富足的家世，在工作当中，她和同事一道，在普通的岗位上起步，一步步地奔向自己所制订的目标。每逢节假日，她工作就特别忙，每天要忙到夜里十一点多。当她坐着班车回家时，已经筋疲力尽。丈夫心疼地说："你这是何必呢，咱家又不缺你那几千块钱，干吗把自己搞这么累？"她笑着说："你错了，我虽然身体累，但心却很快乐。你知道吗，今天有顾客给公司打电话，说我工作能力超强，面对那么多顾客，

都能从容地应付。"说着,她拿出一个红包,"这是公司对我的奖励,五百块钱。虽然不多,却是对我能力的认可"。

六年的工作时间,两千多天的付出,秦越在公司已经创下五次销售冠军的奇迹。她终于成为某跨国公司在华北地区的负责人。从年薪2万元到年薪28万元,她用自己的能力换来了成功。

她多次自豪地说:"青春属于光阴,容貌属于父母,这些都是过眼烟云,唯有百折不挠的意志,锲而不舍的精神属于自己。我干事业凭的是人格魅力、行事风格和坚持原则,我不想让人指着脊梁说我是靠了家世背景。我唯一能靠的是不懈的努力。我坚信不起眼的星星也比月亮有价值,因为它是自己发光的。男人们是带着责任去干事业,干得很沉重。而我们女人是在做自己该做的事,可以做得很漂亮。"

在公司,她是下属敬佩的上司;在家里,她既是丈夫眼里固执可爱的小女人,又是独立坚强的母亲。背着她,丈夫在亲朋好友面前夸耀说:"她在工作上取得这么好的成就,也能把家料理得井井有条。我真没想到她有这么大的潜力。"女儿则多次在人前炫耀道:"我最崇拜我妈,长大后我要像她那样。"

女人要想获得尊重和地位,就得靠自己去争取,同时还要认清楚到底怎么样去争取。可以想象,如果秦越当初听从了丈夫的话,在家做一个悠闲的富太太,她能像今天这样充实和潇洒吗?在丈夫眼里,她还会是一位有潜力的妻子吗?在女儿眼里,她还会是被崇拜的母亲吗?

一个女人没有事业,没有自己的追求和目标,很容易与社会脱节,囿于柴米油盐的琐屑生活和攀比炫耀的庸俗之中,这样的人生,哪里有什么精彩可言?即便再胸无大志的女性,一辈子这样生活,也会觉得憋屈和不值,觉得窝囊和沮丧。并不是说全职太太、家庭主妇有什么不好,全职太太和家庭主妇同样是为家庭、为社会造福,同样在为社会奉献。但如果只

第二章 杜绝攀比,自强的人生更给力

是一味地守着家庭平庸地过日子,没有其他的追求,久而久之,只怕自己也会厌烦。

而且,即便是富裕之家的全职太太,衣食无忧,也会因为丈夫不停地努力、奋进而拉大与丈夫的差距,产生的分歧会越来越多,共同语言会越来越少。丈夫身兼养家糊口的重任,下班后很累很烦想休息,太太却只想聊聊天,冲淡一下整天一个人的孤单,这样的要求却往往得不到真诚的回应。太太的猜疑心就会越来越重,担心被抛弃的心思也越来越重,久而久之,成为心病,就会在老公熟睡的时候,偷偷地翻查老公的手机,看看老公是不是有了外遇。这是多么可怜的景象,即使发现了什么,又能怎样?这样的生活,如何快乐?这样的生活,何谈精彩!

所以即便是全职太太,也不能少了自己的追求,不能少了自己的事业,哪怕是在业余时间做一些慈善工作,当当志愿者,哪怕是闲下来时多读一些书,保持与社会的联系,也不应当让自己懈怠。因为一旦懈怠下来,就会产生惰性,就会产生依赖之心,就会让自己渐渐地被时代淘汰。等自己醒来时,就晚了。

然而,也还是有不少人始终过着"男人负责赚钱养家,我负责貌美如花"的生活。每天除了逛逛商场,进美容会所,就是与其他人比比,看谁最先买到喜爱品牌的最新款、看谁又购了新房,谁家的车比自家的更高级,东家长西家短,哥家穷姐家富,每天在这些无聊至极、攀比无度中过着自以为顺心、惬意的日子。

2017年有一部很火的电视剧《我的前半生》,带给女性很多启示。女主角罗子君就是一个除了带孩子、购物外什么都不操心的人,一直过了许多年富裕、安稳、恩爱的日子。突然有一天她发现自己的丈夫早就变了心,而打败自己的并不是什么貌美如花

的年轻女子，而是跟自己年龄相仿、离过婚还带着孩子的单身女人。她超过自己的唯一原因就是她与丈夫是同一个公司的同事，丈夫欣赏她的才气，同情她的遭遇。这让子君彻底醒悟：自己之所以会输，是因为一直过着饭来张口、衣来伸手的日子。不去工作的女人完全显示不出自己的价值，所以丈夫会慢慢地嫌弃自己。于是三百六十度的大改变后，罗子君重新进入职场，从头开始努力，不断进取奋斗，终于找到了自己的位置，重新收获了爱情。在庸庸碌碌地过完前半生后，终于开始了精彩的后半生。而原来嫌弃她的丈夫这时才发现，自己的妻子真的很好，可惜只能远远观望了。

奋斗的人生远比依赖的人生更精彩！工作和事业、进取和奋斗，给予女性极大的成就感，是婚姻甚至是孩子都无法给予的。她们热爱家庭，也热爱工作，工作开拓了自己的视野，给予了她们成就感，挖掘出了她们的潜力，赋予了她们身份，使她们得以完善自身。

一个自立自强、独当一面的女性，也一定比一个依赖成性、什么都不会干的女性更可爱。自立自强的女性，有了自己的一片天地，有了自己的事业，即使家庭中有一些小矛盾，也会在双方的体谅下化解。作为现代女性，我们可以用心经营婚姻，让自己的家庭幸福美满，但不能依赖婚姻、依赖爱人。长时间依赖一个人，会养成依赖的习惯，一旦某一天失去这个依赖，我们将变得无法生存。所以，自立自强是每个现代女人的必修课，自立自强的女人无论在家庭还是在职场都有着不可替代的位置，她们会把家庭和职场之间的冲突化解，会有足够的精力应对职场上的打拼，也会让家庭和谐而温馨。一个女人自立自强，才有自己应有的位置，才能收获应有的尊重。

自立自强的女性，有事业、有目标、有追求，不断地丰富自己，越来越独立，越来越美丽。她们在职场闪展腾挪、身手矫健的姿态，很美很精彩；她们在办公室辛勤工作的身影很美很精彩；她们在自己的圈子里高谈阔论、出手不凡的样子，很美很精彩；她们在家里煮饭做菜、相夫教子，同样很美很精彩……这样的人生，怎么可能不精彩！所以，现代女性，别放纵自己，更别为自己的懈怠找理由，赶快为自己的梦想付出努力吧，自立起来，自强起来，奋斗起来，奋斗的人生更精彩！

第三章

抛弃嫉妒，小心嫉妒毁了自己

> 嫉妒是毒药，会腐蚀我们的心灵，毒化我们的灵魂，严重的时候会让我们完全失去理智，变得疯狂。而这种疯狂足以摧毁我们所拥有的一切，毁掉幸福的人生。所以，现代女性一定要抛弃嫉妒之心，心胸豁达、眼界开阔，千万别让嫉妒毁掉自己。

1. 嫉妒什么？你不如别人肯定不是别人的错

通常我们认为，嫉妒是人的天性，是人人皆有的一种心理活动。但似乎大家都认为女性更爱妒而且善妒，连"嫉妒"这两个字也都是女字旁，好像在昭示"嫉妒"与女性密不可分，给女性贴上了善妒的标签。

从古到今，好妒的女性"青史留名"的比比皆是，有些甚至因为妒火中烧而做下极恶之事，至今仍被人唾弃。

史载，战国时楚怀王的宠妃郑袖，因为嫉妒楚怀王新得的魏美人得宠，竟然设计让楚怀王割掉了魏美人的鼻子！

郑袖姿色艳美、灵动聪慧，进宫后深得楚怀王的宠爱。但却极为好妒，且阴险狡黠、心肠恶毒、极有心计。不久后魏王为巴结楚国，送给楚怀王一个绝色美人，年轻、漂亮的魏美人很快迷住了楚怀王。郑袖对这个魏美人嫉恨非常，表面上却表现得比楚王还要喜欢她，珍珠宝石、锦衣华服，一应奢侈品都让魏美人挑选，只要她喜欢就送给她。不仅取得了魏美人的信任，怀王也相信郑袖是一个温柔贤惠的妃子，一切都为楚王着想。郑袖于是加快实施自己要除掉魏美人的计谋。她对魏美人说："楚王非常宠爱你，但不喜欢你的鼻子，你见大王时遮一遮自己的鼻子会更得大王的喜欢。"还专门送了精致的小扇子给魏美人挡鼻子。魏美人信以为真，每次见楚王时，都用小扇子掩住鼻子。楚怀王很奇怪，就问郑袖说："魏美人每次见我都要捂着鼻子是为什么？"郑袖故意遮遮掩掩，假装糊涂地回答道："我也不知道其中的缘故。"楚怀王见她的样子就明白她肯定知道，于是硬要问个水落石出。郑袖暗喜时机终于到了，便添油加醋地说："魏美人是嫌弃大王身上有一股臭味。"楚怀王一听大怒，当即命令侍卫割掉了魏美人的鼻子。

我们知道嫉妒是心灵的毒药，嫉妒会让心灵蒙上灰尘，强烈的嫉妒心甚至会让人癫狂，做出意想不到的疯狂之事。但像郑袖这样疯狂，真是令人胆战心惊，恐惧不已。嫉妒真是心灵的恶魔，使人没有了良知、没有了道德、没有了人格，甚至连最基本的善良也全部被嫉妒之火吞噬，最终只会把人毁掉。

嫉妒的本质，其实是自己比不过别人、不如对方时的一种无能感导致的报复心。明知自己不如他人，却偏偏又不愿服输，于是就千方百计压制、打击对方，一心要把对方赶出自己的视野或是让对方不如自己才罢手，且以此为快。

30多岁的张女士是一家大型企业的中高层领导，薪水丰厚，家庭也很美满。而且她气质出众，一向都是公司里穿衣打扮的模仿对象，也是时尚和潮流的风向标。张女士对此非常骄傲。每天上班时最喜欢听到下属们的赞扬之词："张经理，你今天的衣服真好看！""张经理，你的发型真漂亮，在哪家做的呀？""张经理，你的气质怎么这么好？"，这些话让她很享受。

但自从柳心来了之后，一切都变了。柳心年轻漂亮、朝气蓬勃，而且气质超好，不管什么样的服装穿在她身上都显得格外好看，让人难以将目光移开。不久同事们就被柳心吸引，众星捧月般围着柳心转，柳心赫然成为了办公室里新的时尚风向标和穿衣模板。被冷落的张女士心中很不是滋味，于是就在工作上处处给柳心下绊子，对她的工作严厉地近乎苛刻，明明做得不错却从来不表扬她，一找到机会就借题发挥，大肆批评，安排工作时也故意为难她。柳心因此哭了好几回，根本不知道自己哪里得罪了张经理。眼尖的同事其实早看出来了，这是张女士嫉妒柳心抢了自己的风头。

很多人心生嫉妒并不是因为别人得罪了自己，而是自己不如别人，心中不服，却又无可奈何、无法超越，于是嫉恨难耐，怨愤不已，不仅恨死了对方，还要想出各种各样的方法，破坏对方的好事，以阻挠对方变得更好。

看到与他人的差距，承认差距这一客观现实，进而努力缩小差距，改变自己的处境，实现人生的价值追求，如此便摆脱了嫉妒的束缚，心胸豁达宽广，自然收获快乐。做达观智慧的女性，与其深陷嫉妒痛苦不已，不如勤奋努力成就自我，收获充实、幸福的人生。

2. 承认吧，你确实差了一点点

产生嫉妒心的原因很多，像自我封闭、自卑、自我中心等性格缺陷者容易产生嫉妒；一个人不能客观地认识自己，总是认为自己应该处处比他人强，但事实却并不能如其意，因而就嫉妒不已；角色定位错误也会产生嫉妒，胸无大志无所事事却故意去攀比，比不过时嫉妒也由此而生；自我实现受阻、目标难以达到，而别人却能轻而易举超越自己时，嫉妒心理也就产生。不过更常见的原因还是因为自己不如他人。

但有些人偏偏不愿意承认，偏偏要固执地认为自己根本不比对方差，偏偏要去一较高下，比得过了就沾沾自喜，骄傲自负，免不了还会顺便炫耀张扬，刻薄轻慢几回；比不过就愤懑怨怒，嫉恨不已，于是妒火中烧，伺机打击……

第三章
抛弃嫉妒，小心嫉妒毁了自己

其实，我们不得不承认，人与人是有差距的，不论是外貌、天赋、体能、智力，还是机会、运气、家庭、环境……都是不一样的，每个人有自己的特色，这正是大千世界、千人千面的由来。正因为如此，人与人之间的差距也是客观存在的。

看清这一点，承认这一点，真心佩服对方的强项，坦白承认自己的弱项，扬长避短，尽可能用其他的方法来缩小这样的差距，这才是正确对待差距的方法。而且有些时候，这些差距还真不是努力就能缩小甚至消灭掉的。比如一个人的天然美貌，天生聪明，天赋异禀，天生富贵以及很多通过努力无法达到的优势，你不得不承认，我们就是不如人。这就是客观事实，嫉妒又如何？努力又如何？天下从来没有绝对的公平，不如别人就是不如别人！嫉妒无法改变客观事实。

客观公正地看待自己与对方的差距，更有利于超越过去的自己，更有利于自己的进步。但被妒火烧着的人不这么看，他们看到的总是最能激起自己怒火的那一点，是最不被他们承认的那一点。明明差距巨大，偏偏视而不见，死钻牛角尖，弄得一肚子的气恼，一肚子的不合时宜，其实最终还是比不过。

莎莎工作后很努力，勤奋、刻苦、上进，愿意学习，就是不太重视人际关系，因而虽然成绩突出，但人缘并不好。但莎莎不在意，她在意的是业绩，不久她的业绩就直追公司业绩最好的莉莉，就只差那么一点点。莎莎就盯着莉莉，跟莉莉较上了劲。

年终部门回馈客户的赠品是厂家提供的30只手表，莎莎在晨会上建议，因为赠品有限，最好是配合销售，手表赠送给那些大客户，可以很好地表示心意。但莉莉却不同意，认为大客户根本不会在乎一块手表，倒是对于小客户来说，这样的赠品比较有诱惑力。而且她认为公司目前发展状况良好，虽然需要扩大市场，但也不能太急功近利，如果我们一味重视金钱不讲人情，很快便会自断后路。最终大家一致同意采用莉莉的建议。到月末时，经理喜笑颜开，客户反响良好，莉莉的业绩位居榜首。莎莎虽然心里不服，也无可奈何。

更让莎莎气不过的是，办公室里上上下下，都特别喜欢莉莉，都和她走得很近，好像人人都是她的知己似的。莎莎心里对莉莉更嫉妒了。

两人接下来也是多番较量。但无论莎莎怎样，莉莉总是镇定自若、胸有成竹。有时候莎莎忍不住行为失控，莉莉依然是云淡风轻的样子。每次都是莉莉胜出。总是输的莎莎有些泄气了，但更多的是不服。她认为莉莉真正的本领并不强过自己，只是在工作中多了些手段而已。

但在不久之后的一次主管的竞争中，莎莎终于明白，自己是真的不如莉莉。原来的主管调走，新主管就地提拔，考核分为业务能力、管理能力、领导能力、协调能力等几个方面，莎莎刚开始还以为自己能与莉莉一争，谁知道所有考核项目下来，只有业务能力与莉莉打个平手，其他几项全都远远落后于她。这下莎莎叹了一口气，才真正服了。

很多好嫉妒的人，最不愿意的事就是服输，最不愿意承认自己与他人的差距。哪怕明明知道自己不如别人，也偏要争一争、斗一斗，不争个输赢不罢休。像莎莎这样争输了能真正服气的人并不多，更多的女性是争输了还要争，明明比不过别人偏要比，比不过时就怨恨不已，想方设法打压对手，千方百计要争赢一回，如此恶性循环，导致很多恶果。

其实承认差距又如何？差距本来就是存在的，有差距原本就是正常的事情，偏要处处占上风，事事强过别人，怎么可能？又有何必要？

认清自己的内心，承认他人的实力，承认自己与他人之间确实存在差距，虽然这种差距并不一定是工作能力上的，它有可能来自于方方面面，但勇敢承认自己的不足，对于自己摆脱嫉妒心理大有帮助。承认自己不如别人，在和别人比较的情况下知道自己的不足。并不是一定要做到超越别人，也不是要让自己比别人更优秀，而是要在差距中认识真实的自己，从而扬长避短，让自己更优秀，这才是现代女性应当持有的态度。

3. 世间无完人，谁也不可能事事第一

老话说得好，"金无足赤，人无完人"，再优秀的人也会有不足之处，再全能的人也会有不能之时。那些总是在任何时候都想争赢、争不赢就嫉妒的女性，其实是没有看清这一点。世界哪有完人呢？谁又能事事处处都争得第一呢？

就拿女性最在乎的相貌来说，天生丽质、花容月貌的人很多，仅青史留名的就不胜枚举，四大美人自不必说，赵飞燕、张丽华、大乔小乔、大周后小周后、大玉儿小玉儿，哪一个不是风姿绝代的大美人？但就是名垂千古的四大美人也不是十全十美的，也都有各自的缺陷和不足。但她们不追求完美，不嫉妒他人，而是尽可能地张扬自己美的一面，取长补短，小瑕小疵不掩瑜，这些小缺陷一点都没有影响到她们的美貌，反倒让她们更加美好了。

传说"沉鱼"的西施耳朵长得较小，与面部显得不够协调，西施就请匠人做了个较大较重的耳环。她戴上耳环后，沉重的金属拉长了耳轮，弥补了耳朵小的缺陷。

"落雁"的王昭君两只脚长得较大，于是王昭君请缝衣匠裁制很长的裙子，长裙盖住双脚，袅娜多姿，把脚大的缺点遮掩了。

"闭月"的貂蝉有腋臭的毛病，花园里的花香提醒了她，于是她让丫鬟采来香花，加工制成香水，擦拭全身，顿时香味袭人，盖住了自己的腋臭。

"羞花"的杨玉环，因身材较胖走路时步履沉重，脚踩地发出的声音令人生厌，她想出了个好主意，身上佩戴铜铃、玉器。姗姗行走时，铜玉相撞，叮叮当当，别有风韵，刺耳的步履声消失在悦耳动听的铜玉撞击声中。

人无完人，就连有"沉鱼落雁，闭月羞花"之称的四大美人都有缺陷，更何况芸芸众生中的平凡女子。所以，为外貌嫉妒他人或是贬损自己，都是不明智的做法。

美貌如此，其他方面又何尝不是？世间没有完人。在这个世界上，每个人都有自己的长处，每个人也都有自己的短处，就像是没有两片树叶是完全相同的。生活中更不可能有谁是永远的赢家，事事第一的人不可能存在。事事去争第一、处处想要完美，最终可能争不过别人，也把原本美好的自己弄丢了。

一个渔夫从海里捞到一颗珍珠，他欣喜若狂地拿着珍珠来到城里的珠宝店。珠宝商把珍珠拿在手里仔细观察一番后，对渔夫说："如果这颗珍珠上面没有这个小黑点，它将成为极品，价值不可估量。"听了珠宝商的话，渔夫拿着珍珠回了家，他对妻子说："我要把珍珠上的小黑点去掉，它将成为无价之宝。"妻子劝他说："珍珠是天然形成的，难免有瑕疵，再说世间哪有完美的东西！"渔夫没有听从妻子的劝说，开始尝试去掉黑点。可他刮掉一层，黑点仍在，再刮掉一层，黑点还在，刮到最后，黑点没了，珍珠也不复存在了。

　　苛求完美，使渔夫失去了珍珠。

　　世界上原本就没有完美，苛求完美只会失去完美。任何人都会有缺点和不足，任何人都会有比不上别人的地方。不要追求完美，更不要拿自己的不足去与别人的优势相比较，那样只会让自己灰心丧气，让自己心生嫉妒，自寻烦恼，毁掉原本很好的生活。

　　难怪培根感叹：嫉妒这恶魔总是在暗暗地、悄悄地"毁掉人间的好东西"。人无完人，不要总想着事事第一，更别想着处处都要超越别人，没有谁有这个本事。承认差距，承认自己不如他人，抛开嫉妒之心，客观对待，反倒会更心安、更淡然、更快乐。

　　那么，如何克服这种不健康的负面心理呢？

(1) 要有广阔的胸怀，能容忍别人

　　各人有各人的长处，不能因为自己有所短而害怕别人超过自己，你的业绩也不应该成为别人进步的障碍。对他人的成绩或进步要抱欣赏的态度。这种良好的心态，是健康人格的反映。

(2) 对别人的成功有一个正确的评价和对待

　　对于别人的成功，一种态度是嫉妒、贬低、攻击，试图以此抬高自己；一种是无视事实，抱无所谓的态度；一种是奋起直追，"你行我更行"。显然，第三种态度才是积极的、自强不息的，这种态度不仅能熄灭嫉妒之火，而且还会发出奋进之光，通过努力，缩小自己与别人的差距。有时候嫉妒心的产生往往是由于自己一厢情愿的误解引起的，总是认为人家取得了成就，就是对自己的否定。其实，别人的成功是别人努力的结果，并没有损害你。要看到别人取得的成绩中蕴含着辛勤努力，来之不易，自己应当从中受到鼓舞和教益。

(3) 不要用放大镜看自己

如果只看自己的优点，而且看得过重，就接受不了别人挑战的事实，更不能容忍别人超前的优势。在任何时候，把自己看得平常些，就不那么孤高自傲，也不那么争强好胜了。

(4) 克服自私，多为他人着想

嫉妒，说到底是极端自私的表现，以自我为中心，不顾及他人，只想自己获得满足，就容易嫉妒而且因嫉成恨，做出一些失去理智之事。消除以自我为中心的人生观，才能彻底割掉嫉妒的毒瘤。

(5) 正确比较

一般而言，嫉妒心理较多地产生于周围熟悉的、年龄相仿、生活背景大致相同的人群中。因此，只有采取正确的比较方法，将己之长比人之短，而不是以人之长比己之短。若出现嫉妒苗头时，即刻进行自我约束，摆正自身位置，努力驱除嫉妒心理，可能就会变得"心底无私天地宽"了。

(6) 充实自己的生活

嫉妒心一经产生，就要立即把它消除，以免其作祟。这就需要靠积极进取，使生活充实起来。培根说："嫉妒是一种四处游荡的欲望，能享有它的只能是闲人。"如果我们工作学习的节奏很紧张，生活过得很充实，就不会让精力被妒火烧毁。

世间没有完人，人与人之间的能力差异是客观存在的，每个人都有长处与短处，要想事事超过别人是不可能的。嫉妒别人，绝不会提高自己对生活的满意度，更不会增强自己的幸福感。事事争第一，只会增加我们的失败感。只有正确认识自己，分析自己，善于自我评估与分析，发现自己的长处与短处，找出自己的不足之处，扬长避短，才能从嫉妒和怨天尤人的陷阱中脱身出来。所以，没有必要争强好胜，当退则退，当让则让，承认自己的平凡，享受自己的平凡，坦然接受事实，承受一切已经发生的事情，同时保持一颗平常心、包容心，虚心地向他人学习，变消极嫉妒为积极地博采众长，不断地努力，充实自己的学识，发挥自己的才干，才能真正找到人生的乐趣和生存价值。

4．客观评价自己，你自有你的优势

人无完人，客观公正地评价自己，既看到自己的不足，也看到自己的优势。学会在自己的优势领域与他人一较高下，而不是盲目地去与他人比较，嫉妒他人。

每个人都有自己的长处和短处，"梅须逊雪三分白，雪却输梅一段香"。雪比梅要白，梅却比雪多了香气，梅雪各有所长，不相上下。如果梅一定要和雪比白，雪一定要和梅比香，那当然必输无疑。客观地评价自己，就是既要看到不如雪的白，又要看到超过雪的香。世人和梅、雪一样，各有长短，不必要去嫉妒别人的优点，也不要忽略自己的优势，这才是正确认识自己的方式。

《战国策》中有一个故事：

孟尝君田文因为觉得有一位食客没有什么才干，就想把他赶走。鲁仲连就劝孟尝君说："猿和猕猴如果离开树木浮游水面，它们肯定赶不上鱼鳖的灵敏；翻越险阻攀登危岩，良马也赶不上狐狸；曹沫举起三尺长剑，整个军队都不能抵挡；但如果让曹沫放下剑改拿耕田的器具，和农夫一样在田里劳作，那他连一个农夫都不如。由此可见，如果舍弃一个人的长处，改用他的短处，即使是尧舜也有做不到的事。现在让人干他不会干的，会说他无才；叫人做他做不了的，就说他笨拙。因为无才或笨拙就要赶走

他，那这些人都会逃到别的国家去，并且报复我们，这岂不是开了一个坏头吗？"孟尝君听了觉得他说得很对，于是决定还是留下这个食客。

我们每个人都有自己的优势和长处，有时候优势和长处没能很好地发挥，只是因为时机或是舞台不对而已。再优秀的人也有缺点，再平庸的人也有优点，聪明的女性不会因自己的优势而骄傲自负，也不会因自己的劣势妄自菲薄，而是以一种平和的心态，坦然、客观地对待自己的优势和劣势。不以劣势自卑，也不以优势自傲，客观地评价自己，不掩饰自己的能力，也不夸大自己的本领，不以优势故意张扬，也不因劣势而嫉妒他人，这才是每个现代女性认识自己时应该有的态度。

看不到自己的优势的女性，即便再优秀，关键时刻心里的自卑、对自己的怀疑就会冒出来，把大好的机会送给别人，过后又会嫉妒不已。

欣欣从小到大成绩都非常好，人也长得秀丽斯文，但在独立生活和处理问题的能力上却很差，因为一切的事情都由父母包办了，什么都不用她干，所以她什么也不会。在学习上她有很多的想法，回到生活中，很多事她都做不好，也拿不定主意，习惯了父母给做决定，若离开了父母的安排，自己什么都办不好。

欣欣从一所名牌大学毕业后，到一家大企业应聘同声翻译工作。不要说她是名牌大学毕业的，而且英语过了八级，单凭面试时流利的口语能力就让招聘者对她刮目相看了。考官们都对她表示满意，但是企业人事部临时做了个小小的改动，他们希望她能去国外的分部工作，觉得以她的能力可以更胜任那一个职位。而且因为那里急缺人手，希望她能马上上班。

这个职位的薪水要远远高于在国内的工作，而且去国外工作更有利于她的成长，也具有更大的挑战性。欣欣担心自己独自在国外会处理不好一些问题，于是，她便对考官们说，要先回家与父母商量一下再答复他们。

欣欣回家把自己的求职经历告诉了父母。父母都说她太傻了，这么好的机会应该马上就答应下来。父母不断地鼓励她，以她的敏捷和目前的会话能力，工作后再加强专业词汇的训练，胜任这份工作肯定是没有问题的。父母的这番鼓励，让欣欣有了信心，思前想后终于作了决定，第三天回复对方，说是可以去。可没想到企业已经安排了另一位求职者上岗了。工作被抢走了，欣欣才觉得真是太可惜了，这份工作其实太适合她了。但没办法，机会已经失去。这时候的欣欣，只有羡慕嫉妒恨的份儿了。

女性要客观地认识自己，就要全面地了解地自己，看清自己的优势，懂得自己的劣势。不能把自己孤立在一个狭小的空间，这样总是让自己不知道到底适合什么样的工作，更不知道自己的能力有多大。要走出自我的小圈子，摒除自卑心理，相信自己，切不可妄自菲薄，贬低了自己。

嫉妒的一个有趣的表现就是，嫉妒者嫉妒的总是和自己相差不多、在同一个层面上甚至是比较熟悉的人。比如平民家一个再漂亮的女孩也不会想着要去嫉妒一个皇后的美貌，一个普通的职场精英绝不会去嫉妒那些女性元首。大多数的嫉妒都会在同样的人群中发生，比如邻居、同事、同行、同学、朋友、亲戚甚至姐妹之间。大家的先天条件区别不大，后天环境也相差不多，这就最容易产生嫉妒心了。所谓"乞丐不一定嫉妒百万富翁，但肯定嫉妒收入更高的乞丐"，说的就是这种现象。嫉妒来自于身边，来自于同等的比较。没有人会嫉妒名企业老板的收入高于员工，相互产生嫉妒的，是起点在同一个定位上的、相差不太多的人。比如同学比自己混得好，同事比自己升职快，邻居家庭比自己幸福，朋友长相比自己漂亮等。

正是因为嫉妒容易发生在熟人圈里，对人的心灵损害会更大，导致女性因为嫉妒变得虚伪，变得两面三刀，变得心思狠毒，伤害人际关系，又让自己害怕、烦恼、担忧、痛苦……受尽心灵的折磨。所以聪明的女性，就会跳出熟人思维，把目光放得更远，也把自己认得更清，全面认识自己的优势和劣势，并善于发挥自己的优势，展示最好的自己，从而摒除嫉妒，活出自我。

那么，女性应当如何客观地认识自己，发现自己的优势呢？

(1) 不要过分在意他人的评价

女性有时候心生不满和嫉妒，就因为太在意他人的评价。别人的看法会时时影响她，有时甚至完全按别人的想法而活。别人说好，她就按人家的想法和意思去做；别人说不好，她就会后悔、恐慌、自责、情绪低落。别人说某某人比她强，她就心中嫉妒难耐，一心想要扳回一局，让别人认为她更强。这样的女性时时为别人的看法担心、害怕、烦恼、痛苦，经常掩饰自己，迎合他人，不知道自己是谁。不仅失去前进的方向，也消磨了大好时光。有的评价会令你难过，有的评价会令你骄傲自满、自以为是。但别人的评价有那么重要吗？别人的评价就是客观的吗？为什么要以别人的标准来衡量自己的价值？

最可怕的事情就是不能正确看待自己。而一个人要想成功，就必须正确认识和评价自己，包括自己的优点、缺点、能力、气质、性格、兴趣等。托尔斯泰说过："一个人对自己的评价像分母，他的实际才能像分数值，自我评价越高，实际能力就越低。"对自己有了一个正确的评价，充分了解自己，按自己的意愿去做事，去生活，"走自己的路，让别人去说"，才是现代女性的风采。学会接纳自己，不要低估自己，要始终相信自己，自己的优势一定能在职场好好地发挥，总有一天会拥有属于自己的舞台。

(2) 深入了解自己

将自己的爱好和特长全部列出来，哪怕是很细微的方面也不要忽略。然后再和自己的嫉妒对象或是其他人作一个比较。通过全面、辩证地看待自身和他人，发现自己的长处和短处，肯定自己的长处，接纳自己的短处，记住一定要客观理智。既不要自欺欺人把劣势也当优势看，也不要刻意低估自己，把优势当作劣势，要以积极、客观、理智甚至旁观者的态度来看待自己。假如你可以全面了解自己，你就不会轻易被别人的评价和判定影响了。

（3）全面地接纳自己

一个人首先应该自我接纳，才能为他人所接纳。无论是漂亮还是不漂亮，好的或坏的，成功的还是失败的，有价值的还是无价值的，凡现实中自身的一切都应该积极接纳，要平静而理智地对待自己的长短优劣、得失成败，要乐观开朗，以发展的眼光看待自己。对自己的长处不骄傲，对自己的短处不回避，取长补短，不妄自菲薄，也不妄自尊大，不卑不亢，才能获得更好的发展，逐步走向成功。

（4）积极地完善自己

女性要明白，生活中免不了遇到困难和挫折。在困难和挫折面前，不灰心、不丧气，保持自信和乐观态度是积极进取的集中体现。女性不要封闭自己，要积极参加各种社会活动，提高自己的挫折耐受力和各方面素质，在这个过程中不断地完善自己，让心灵更丰盈。

（5）用行动证明自己

女性要看到自己的优势，找到自己的价值，需要自我肯定。没有比成功做成一些较为困难的事情更能增加自我肯定了。因此，可先选择一些自己比较有把握也有意义的事情去做，例如：你写字很漂亮，就多写，有了成就之后，再做其他擅长的事，也可做出成就来。这样，你可以不断收获成功的喜悦，又在成功的喜悦中不断走向更高的目标。每一次成功都将强化你的自信心，证明你的价值，一连串的成功则会不断巩固你的优势，也让你更自信。当你切切实实感觉到自己可以干成一些事情时，你还有什么理由怀疑自己，嫉妒他人呢？

别人有别人的长处，你自有你的优势，不必羡慕，也不必嫉妒。当你真正认清自己，真正发挥出自己的优势，用心过好自己的日子，活出自己的滋味，你就会发现，幸福其实就在自己手里。

5. 别再嫉妒，与其嫉妒不如努力

有一个哲人说得好，"与其诅咒黑暗，不如点亮蜡烛"，嫉妒也是一样，与其嫉妒他人，不如努力超越对方。因为嫉妒会伤害自己，也伤害他人，而努力却会完善自己，超越他人。把嫉妒之心化为奋发向上的动力，升华嫉妒，化消极为积极，你会发现一个完全不一样的自己。

小张最近看自己的同事小王怎么都不舒服，以前两人同为业务部经理的时候，关系不错，但再过几天，小王就将被任命为公司华东区的总监，掌控整个华东地区的销售业务，直接成了她的上司。这件事情让小张很不高兴。因为，不仅小王的薪水会涨一大截，以后她还得向小王汇报工作。如果换成另外一个人，小张不会如此不舒服。在她看来，自己毕业于名牌大学，学习工商管理专业，又拥有丰富的工作经历，当初公司是以高薪将她挖过来的；而小王在学校、专业、入行的资历方面都没法与自己相比，现在居然坐到比自己高的位子，真是越想越窝火。小张一气之下递交了辞职申请书，直接回家休息去了。

小张的父亲曾任一家国企的总经理，现退休在家，这天吃过饭，他把小张叫到书房问道："你这些天怎么回事？怎么把工作辞了？"听到父亲这么问，小张就将自己的不满都发泄了出来。父亲认真听小张讲完后，问道："你是否还记得，当初这家公司把

第三章 抛弃嫉妒，小心嫉妒毁了自己

你挖过去做经理的时候，给你开出的条件很诱人，我记得那个时候你说过，你在公司很遭人嫉恨，但你挺住了，而且后来的表现让别人没话说，正因为这样你在公司的位子才坐稳了。而你现在嫉妒你的同事，那么我问你，你和当初对你群起而攻之的那些同事有什么区别？你应该想的是为什么公司会选择小王而没有选你，对比小王找出自己在哪些方面不如她。如果你想不通这个，那么我可以肯定，你在应聘其他公司的时候，依然迈不过这道坎。"

父亲说完这番话，关上门出去了。小张在屋子里想了很久。第二天她就出门，应聘上了另外一家大公司的销售经理，在自己的岗位上拼搏努力，一刻也不放松自己，两年后成了那家公司的副总。

小张经常对下属说的一句话是："与其嫉妒别人，不如自己努力。"她用自己的经历为这句话作了最好的诠释。

嫉妒别人，就是不敢承认自己与别人的差距，就是不敢面对自己不如他人的现实，就是不想让别人超过自己。但是天天在心里想着这些没有用处，你和别人的差距本来就存在，别人超过你了就说明你不如别人，在心中嫉妒、愤恨、煎熬，也无法改变这个事实，唯一能改变这些事实的，只有你的努力，你的拼搏，你的奋进！

美国的一所高中里，一个聪明好学成绩出众的男孩，得到全校最年轻、最有威信的教师布朗小姐的极高评价，并且布朗小姐很喜欢他。要知道布朗小姐可是最温柔慈爱、最受大家欢迎的老

师，能被布朗小姐如此钟爱，同班的其他同学都嫉妒不已。其中一个男孩由于强烈的嫉妒，还当众指责布朗小姐太偏心。

高中毕业后，那个极受布朗小姐钟爱的男孩更加努力，大学毕业后进入出版界工作，取得了很大的成绩。后来进入白宫，被杜鲁门总统任命为白宫负责出版事务的首席秘书。

那个因强烈嫉妒而指责布朗小姐的男孩，并未因嫉妒而消沉，也未因嫉妒而打击报复，而是把嫉妒变成一种向上奋进的驱动力。一直鞭策自己，一直驱动着自己，向着那个最好的自己努力。高中毕业后进入大学，从来没有浪费过一分钟，不断努力学习，成为著名的政治家。这个男孩就是亨利·杜鲁门。

嫉妒是一副毒药，它能侵蚀你的心灵，毒害你的灵魂；但嫉妒也是一副良药，它能激起你的勇气，挑起你的斗志，就看你如何对待。"临渊羡鱼，不如退而结网"，嫉妒别人的成就，伤心绝望、灰心丧气，远不如奋进努力、拼搏进取有意义，更不如努力赶上甚至超越别人让自己获得更多的成就感和满足感有意义。

女性的嫉妒有时候是盲目的，容易产生嫉妒的女性，有的过高估计了自己，有的个性冷傲而又自私，有的性情固执而又不愿承认自己的过错，有的缺乏自信心而又好揣摩别人，有的多疑而又特别敏感，有的心胸狭隘、爱猜忌、自私自利，只为自己考虑，当然还有的是没能客观认清自己的优势和劣势，盲目嫉妒……爱嫉妒的女性会在不知不觉中养成仇视、谗言、诬蔑、破坏等恶习。真正干大事的女性，其实并不在乎别人比自己强，而是一门心思地把自己的事情做好，全心全意专注于自己的事业，一刻不停地向前努力，最终为自己贴上成功的标签，让自己闪闪发光。

董明珠36岁时，辞掉南京的工作，南下广东打工。在1990年进入格力时，竟连营销是何物都不知道。而且在众多做营销的女业务员中，她年纪偏大，很多业务员都比她年轻，比她文凭高，比她有经验，但董明珠不自卑也不嫉妒，只是拼命努力，做好自己的事情。她做事极为认真，当时出了名的"难缠"，曾经连续40天追讨前任业务员留下的42万元债款，最终成功地把这一笔几乎没有任何希望能收回来的陈年老账追了回来，成为营销界茶余饭后的经典故事，也令当时的格力电器总经理朱江洪刮目相看。那一年她个人的销售额竟达到1600万元，打开了格力在安徽省的销售局面。随后，她被调往几乎没有一丝市场裂缝的南京。但董明珠没有害怕困难，而是迎难而上。隆冬季节，她神话般签下了一张200万元的空调单子，一年内，她的销售额上蹿至3650万元，几乎成为销售"神人"，她也从普通的员工一跃成为格力的领导层，直至掌门人。

在董明珠领导下，格力电器业绩斐然：从一个当初年产不到2万台的毫不知名的空调小厂，一跃成为拥有珠海、丹阳、重庆、巴西、越南、巴基斯坦六大生产基地、员工人数25000多人、家用空调年产能力超过1500万台、商用空调年产值达50亿元的知名跨国企业。目前格力电器的净资产达20多亿元，1995年以来累计销售空调4000多万台（套），销售收入近700亿元，纳税额超过35亿元，连续11年产销量、市场占有率均居行业第一（据国家轻工业局、央视调查中心等统计资料）。同时，格力电器在技术、营销、服务和管理等创新领域硕果累累，深情演绎了一个中国企业肩负的历史使命和社会责任，让业界为之动容。2009年格力销售达到430亿元。

董明珠因卓越的经营才能和管理水平，得到了社会各界的认可并屡获殊荣：2003年1月，当选为第十届全国人大代表；2005年11月，再次荣登美国《财富》杂志评选的"全球50名最具影响力的商界女强人"榜；2006年3月，荣获"2005年度中国女性创业经济大奖"。还曾获"全国五一劳动奖章""全国三八红旗手"等殊荣。

如果董明珠初入营销业，不虚心学习、努力奋进，像一般员工那样看到别人的成就而嫉妒愤恨，或是耍些小手段、争点小赢头，还会有今天的董明珠吗？

与其嫉妒，不如努力。只会嫉妒的人永远不会是个胜利者，嫉妒别人不会让你获得任何的回报，它不会使你进步，只会让你狭隘、偏激、自卑。最直接的后果就是，你越来越退步，超过你的人越来越多。而你只能眼睁睁看着一道道风帆从你身旁飞驰而过，你却无能为力……唯有努力奋斗，能让你赶上他人，让你看到更美的风景，收获更好的自己。

第四章

远离虚荣，避开虚荣心构织的泥沼

虚荣是自设的牢笼，是危险的泥沼，一旦进去，很难走出来。它会禁锢心灵，它会让你迷失方向，它会让你远离快乐，它甚至还会让你踏上犯罪之路。避开虚荣，远离虚荣，放下面子，脚踏实地做真实的自己，你才是最美的女人。

1. 摆脱心灵的枷锁，只做真实的自己

虚荣是什么？虚荣就是自己骗自己的把戏，是为了满足自己一种隐秘的、希望被人重视、被人承认、被人认同以让自己感受到荣耀和赞誉的心理，是心甘情愿付出很多金钱、心血、精力和时间去追求自己本质上并不需要甚至并不喜欢的东西的一种行为。虚荣的人习惯了赞美和表扬，对于批评是听不进也不爱听的，有时他们为了得到别人的表扬或赞美，弄虚作假也愿意。虚荣让人表面很风光，其实自己却很累，而且这种费尽心血获得的荣耀和赞誉并没有多大的价值，只能带来一时的光鲜和快慰，并不意味着高人一等或者带来持续的个人提升和增值。因为这种荣耀是虚幻的、虚伪的、虚构的、不真实或是假装的。但是这种心理却有很强大的力量，很容易成为禁锢我们心灵的枷锁，让我们听从它的指挥。让我们失去思想的自由，失去奋进的信心，沉迷在虚幻的自我陶醉中，毁掉了自己。前面我们提到的女大学生"裸贷"事件、"校园贷"导致大学女生自杀事件，都是虚荣心惹的祸。下面再讲一个发生在大学生身上的真实故事：

东北某大学女生楼里接连出现了好几起丢失手机、电脑或贵重物品的事件，弄得大家都人心惶惶。经过派出所侦查，原来就是住在这栋楼里的"家贼"兰兰作的案。

兰兰是该大学一名大二的学生，长得非常漂亮，被同学们称为系花。虽然她家在外地的农村，经济条件不好，但她质朴而真实、随和又大方，一直以来都受到老师和同学们的喜爱。上大学的第一年，兰兰随同学一起打工，经常帮一些公司、企业做文案，赚些外快来补贴生活费，生活得很惬意。但她上铺有位"富

二代"舍友，炫耀、张扬，这让兰兰产生了深深的自卑感。这位女生经常穿名牌服装、用高档化妆品，周末出入高档会所，放假就有豪车来接，假期大都是在国外度过。而且这位舍友性格张扬，经常在宿舍同学面前炫耀，丝毫不在乎同学的感受。其他舍友虽说比不上"富二代"的生活水平，但至少偶尔也会买高档服装、高档用品或是去国外度个假。只有兰兰，"富二代"的生活几乎是她望尘莫及的。慢慢地，兰兰的自卑心理越来越重，心中开始抱怨自己为什么不出生于富裕家庭，为什么世道这么不公平！

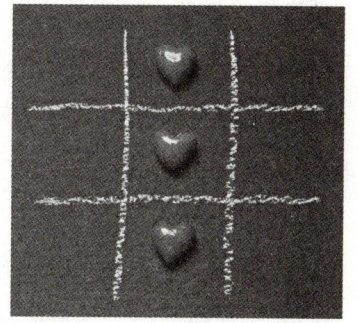

为了让自己不至于太差，让舍友瞧不起，她打起了偷窃的歪主意，多次趁同学临时出寝室之际，窃取手机、电脑及钱包等，涉案金额已达4000余元。最后她被学校开除，还被法律追责。

就因为虚荣，兰兰让自己的大学生活提前结束，美好的前途也就此断送，这个代价实在是太大了。很多女性特别是年轻女性，都有极强的表现欲，很想被他人认同，但若方法不当，就可能产生过分虚荣的心理，并寻求各种途径满足虚荣心，甚至走向犯罪之路。

虚荣是心灵的枷锁，是心灵的恶魔，也是一柄双刃剑。即便你满足了它，也会被它所伤。为何不能摒弃虚荣，做回真实的自己呢？做最真实最简单的自己，其实远比被虚荣困住了内心、在虚荣中沉浮要幸福快乐得多。

一个男人吃了很多苦，拼搏多年，如今开了一家大公司，就把父母接到城里享几天清福。他的父母平时很节俭，在小区里溜达时，看到易拉罐、旧纸箱，就如获珍宝，偷偷地拿回家藏起来。

没过几天，他们开始公开在小区里"拾荒"，阳台上、走廊里到处都是瓶瓶罐罐、旧纸箱。物业工作人员打电话给他，希望他把阳台、走廊都清理一下。那种客气的语气里隐隐含着轻蔑，让年轻虚荣的他，立刻觉得好丢面子！

一天晚饭后，他本着既不能伤害父母，又能把话说明白的原则，拐弯抹角地问老妈："最近是不是缺钱花了？儿子虽没有大本事，但奉养你们的能力还是有的。"老妈不明所以地摇摇头说："上次你给的钱，我们还没有花掉呢！"他只好又说："妈，您的风湿又疼了，多在家里休息。"老妈说："我怕你爸出门就迷路，找不到回家的路。"看来委婉的表达方式对父母没有用，他只好直说："妈，以后没事，别再出去捡那些破烂了，不用替我节省钱。"谁知一向严厉的爸爸一下就火了："你小子嫌我们丢你的人了？我们天天待在家里闷得慌，吃得好，住得好，不干点活，心里别扭！捡破烂又不是偷抢，往大里说利于环保，往小里说还能锻炼身体，哪里就丢了你的面子了？你要这么虚荣吗"

他站在那儿发愣，是啊，自己什么时候变得这么虚荣了？捡捡破烂怎么了？忙碌了一辈子的老人，来到了城里，没有农田可以耕种，没有果树可以侍弄，没有稼穑农桑可以寄托情怀，忽然停下来什么都不用做，心里不习惯、不自在。他们愿意干些力所能及的事情，又没有伤害他人，何必在意别人怎么看怎么说呢？从那天开始，他再没有反对父母的行为，在小区里看到旧纸箱、矿泉水瓶子，也会带回家中。他还主动在家中腾出一间屋子，给父母做储藏室。有人问他："你怎么能让父母去捡垃圾？"他笑笑说："父母闲不住，喜欢干什么就干什么吧！"他为自己的坦然而高兴，更为自己克服掉了虚荣而高兴。活得真实的感觉，真好。

第四章
远离虚荣，避开虚荣心构织的泥沼

很多时候，我们常常把虚荣当成外套穿在身上。这件外套也许很名贵，也许很华丽，也许很惹眼，但是，穿在身上是否舒服、是否保暖，只有穿过的人才知道。

世界上有两种人，一种人活给别人看；一种人活给自己看。活给别人看的人，处处看别人的眼色，听别人的议论，生怕别人看轻了自己，更怕自己比不上别人，一心要得到别人的认同。他们总是怀着一种不能比别人差或者要超过别人的心理，来显示自己的价值。这种心态，等于在为自己的人生道路设置障碍。他们活得累且不真实，很少有快乐，还很难获得成功。而那些活给自己看的人，只随着自己的心意而活，想干什么就干什么，总是把自己的人生管理得井井有条，让自己一步步朝着自己预定的目标前进，他们活得真实而自在，日子充实而生动。孔子的弟子颜回就是这样一位真实而快乐的典范。

颜回字子渊，是孔子最得意的弟子。颜回天资聪明，闻一知十，安贫乐道，侍奉孔子不离左右，才学可为王者之佐。

鲁哀公问孔子："三千弟子中，谁人好学？"孔子答道："有颜回者好学，不迁怒，不贰过，不幸短命死矣。今也则亡，未闻好学者也。"也就是说颜回好学，从不迁怒他人，从不重复犯错，可惜命短。自颜回死后，再不见有如此好学的人。

子贡能言善辩，一日，孔子问子贡：你与颜回比较，有何差别？子贡说：颜回闻一知十，自己闻一知二而已，哪里赶得上颜回。孔子亦说自己不及颜回聪明。颜回不只好学，而且经常与其他弟子讨论学问，在那时代，人们不轻易把自己的学识告知别人，颜回能坦诚公开讨论学识，足见其心胸豁达，思想超前。

更难得的是，颜回活得真实而自在，从来不慕虚荣、不贪名利，安贫乐道，高风亮节。孔子对此最为欣赏，赞不绝口，认为颜回是最贤德的人："贤哉回也！一箪食，一瓢饮，在陋巷，人不堪其忧，回也不改其乐。贤哉回也！"试想一下，只吃一小碗饭；饮一小杯水；住陋巷小屋，任何人也会为此苦忧，但颜回自得其乐，无怪孔子连声"贤哉回也！"可惜的是，因为家庭过于贫困，卫生条件差，食少事烦，颜回二十九岁已经满头白发，三十二岁便辞世。但颜回不慕虚荣、不掩饰贫穷、不贪名利的高洁形象已经深入人心，几千年来一直为人所称道。

真实地活着，最轻松、最自在。要抛开虚荣心的枷锁，做回真实的自己，可以从以下方面来改善自己。

(1) 有自己的原则

做真实的自己一定要有自己的原则，这体现在你对人对事上，不要做摇摆不定的人，喜欢就是喜欢，不喜欢就是不喜欢，别不喜欢还装作很热情。不管什么时候，都遵从自己的内心，不去刻意迎合他人。

(2) 不盲从他人

很多女性的虚荣心起自盲从，看到别人如何，自己也要如何。邻居买车了咱也买；他家小孩出国了，咱孩子也出国；她买了高档化妆品，我也要去买……盲目跟风，随波逐流，久而久之，迷失了自己。做真实的自己，就要有自己的坚持和主意，不盲从他人，明白什么才是自己最需要的，什么不值得自己去追逐，活得更清醒，也更有个性。不会因为模仿他人，盲从他人，做他人的影子，放弃了自己的追求，一生碌碌无为。越坚持自我，越能认清自己，也就越能看清虚荣的本质。

(3) 别委屈自己

人都是自私的，自己是最重要的。所以，做真实的自己，千万别委屈自己，也别将就自己，想做的事就放心大胆地去做，别害怕这害怕那，也别在意他人的评价或看法，更不要为了迎合他人让自己委屈。

第四章 远离虚荣,避开虚荣心构织的泥沼

(4) 要学会思考

一个人要是不会思考,就和一根芦苇没有两样,顶多算一根会行走的芦苇。做真实的自己,要独立思考,思考越深越明白,什么事该做什么事不该做,也就更懂得虚荣是不值得的。

女性要卸下虚荣的面具,打碎心灵的枷锁,抛弃那些伪装的快乐和满足,那些虚幻的荣耀和赞美,做回真实的自己,坦然接受自己的一切,按自己的意愿去生活,宠辱不惊,淡然恬静,反倒活得更加优雅从容。

2.看轻"面子",不必太在意别人的眼光

对于中国人来说,"面子"比什么都重要,"面子大于天""丢啥也不能丢面子""树活一张皮,人活一张脸",脸面,那是最最重要的东西,甚至比生命都重要,"宁丢命也不丢面儿",真正是为面子而活的人。但是,要"面子"并不是一件简单的事,要"面子"需要强大的财力和无尽的底气,很多时候我们并没有那么大的底气,只是在强撑着"面子",但强撑往往很费劲、很累,所以民间还有一句俗话就叫"死要面子活受罪",很多人都吃过这种亏,受过这种罪。

吃饭讲排场,穿衣挑名牌,用度要高档,房子要豪宅,不算有钱却走哪儿都打车,工资不高却硬撑着高消费……

白领小月工资不高,但一向很看重"面子"。买衣服裤子只去名牌店,从不逛地摊。每次和朋友聊天,总不忘炫耀自己最近又买了什么名牌装备。买生活用品也只买高档牌子货,出门上班

都很少坐公交地铁而是打车。这些为了满足虚荣心的面子消费，曾让她的信用卡月月透支，为此，小月也感到十分苦恼，但习惯已经形成，欲罢不能。

普通职工小周给儿子过生日，本打算一家人在家简单吃一顿就可以了，但是一向"好面子"的妻子死活不肯，说是在家吃怕寒碜，怕在亲朋好友面前输了面子。硬是在一个酒楼包了3桌，点了不少好酒好菜，根本吃不完，桌上剩了好多，全浪费了。这一顿饭就花了3000多元，对于这个不算富裕的家庭来说，这些钱足够他们全家3人两个月的生活费。真的是钱花得心痛，吃得也心痛，看到剩菜更心痛！

小老板老李对好面子的妻子同样很无奈，"不晓得花了多少'冤枉钱'，说她她还理直气壮。"说到妻子花钱"阔绰"的理由就来气。"衣服只买名牌，因为穿出去更有面子。走亲戚送礼，尽挑包装好看的高价货，说是提起来更好看。"这几天妻子又吵着要买车，因为同事都有车了，不买没面子。其实妻子离单位不足20分钟的公交车程，根本不需要开车，劝她还偏不听，说是人家都有了咱也不差，也得有。而且在妻子潜移默化的影响下，上初中的儿子也变得爱虚荣了，看到同学用手机，他也嚷着要买，看到同学穿名牌，他也不甘落后……反正同学有了什么先进的、新潮的，他就要买更好的，让他这个家庭的"顶梁柱"颇为无奈。

"面子思想"实在是根深蒂固。在当今这样一个提倡节俭的时代，依然还是有很多人抹不开"面子"，被"面子"所左右。吃饭讲排场，宴请时一定挣面子，在亲朋好友面前有尊严，在社会交往中有地位，以为宴请的档次高、菜肴好、价格贵就是有面子，所以不惜重金消费或者超额透支。有的人买贵的东西是为了图个品质好，但有的人买贵的东西只为包装华美或者价格更胜一筹，因为这样会让他们觉得很有面子。

面子真有那么重要吗？别人的目光有那么重要吗？比自己的苦和累还重要？"死要面子活受罪"，很多人在要面子的同时吃尽了苦头，人前风光，人后辛酸，何必呢？

有哲人说过："为了面子而坚持错误是最没面子的事。""死要面子"注定活受罪，并且还会丢面子。比如本来并不富裕，却偏偏要与别人比阔，人多的时候抢着大大方方付账，人一走就心疼地捂着钱包伤心；明明没有多少知识，却还要装作什么都懂，对别人指手画脚，自以为是，有时候闹了笑话还不知情；进了公司怕别人瞧不起，编一些谎言让大家相信她有足够的后台，有人撑腰，说大话，吹牛，到真正需要帮助的时候，只能让别人冷眼看笑话；至于买名牌服装，名牌包更是家常便饭，有的人为了"撑面子"甚至会把买菜的钱花在了和别人的攀比中。爱面子的人总是害怕别人看穿了自己的弱势，他们希望任何时候，任何事情自己都能够超越他人。这是妄想，是从来不可能实现的愿望，因为总有人比你更强。但他们不管，只要能在人前风光，心底受多深的伤也愿挨着。没办法，只有在别人的艳羡和嫉妒里，他们才能找到自己，才会找到快乐。他们不敢转身，因为一转身，就会看见千疮百孔的心和委屈受尽的苍凉，真累！

面子其实并没有我们想象的那么重要，有多大能力，就干多大事，爱虚荣，好面子，最终吃亏的是自己。如果能够丢掉面子，不去考虑别人的眼光，我们会活得更精彩、更自在。

 3．克服贪欲，虚荣是贪婪的另一个名字

女性有着不同程度的虚荣心，只是有的人把握得当，控制得好，有的人却被虚荣心掌控，深受其苦。特别是当虚荣以另一个形象——贪婪出现时，毁掉女性的尊严、前途和人生，那就是极其容易的事了。

辽宁抚顺市政府原副秘书长江润黎，就是一个被虚荣心左右、放纵贪欲从而毁掉自己似锦前程的女贪官。她不是贪腐金额最大的贪官，但她对奢侈品的极度迷恋前所未有，成为最虚荣也最不值、最贪心也最可怜的女贪官。

江润黎酷爱奢侈品，以精英女性自居，所有精英女性有的东西她全部要有。但是仅凭工资是不可能武装成"精英女性"的，高档昂贵的奢侈品她根本买不起。为了满足虚荣心，她开始滑向腐败的泥潭。贪欲就是这样，越是放纵越是疯狂，一旦开始就回不了头了。江润黎利用自己手中掌管的土地审批权疯狂敛财，大肆收受奢侈品。一次，一位开发商给江润黎打电话，江润黎说自己正在香港。开发商马上派出女副手，赶赴香港陪她逛街。那位女副手给她买了一个LV包。此后，又陪江润黎在广州买了多个名牌包。这家开发商也因此得到了江润黎在审批、规划等方面的多项好处。这么多的奢侈品她根本用不了，于是收藏奢侈品也成了她的爱好。到案发时江润黎已经收藏了48块劳力士等名牌手表、253个LV等高档手包、1246套高级名牌服饰和600多件金银首饰……为了收藏这些高档奢侈品，她专门买了一座190平方米的房子，全部用来存放她的这些"腐败藏品"，其虚荣和贪婪可见一斑！

这位令人瞠目结舌的女贪官，让我们看到了虚荣心怎样放出了贪欲这个恶魔，她也用她的行为完整地诠释了虚荣与贪婪的关系。为了虚荣心的满足、为了表面的光鲜亮丽，她将权力玩弄于股掌，奢侈品代表的荣耀、高贵晃花了她的双眼。2009年，江润黎一审被判无期徒刑。

第四章
远离虚荣，避开虚荣心构织的泥沼

《现代汉语词典》，关于"虚荣"的解释是：表面上的光彩。为了这份表面上的光彩，虚荣的人不仅要心理上的满足，更要满足现实中的需求，藏在内心的贪婪像洪水一样泛滥开来，就会毁掉自己的一切。

古人说，"罪莫大于多欲，欲不除，如蛾扑火，粉身乃止；贪无了，如猩嗜酒，鞭血方休。""贪如火，不遏则燎原；欲如水，不遏则滔天。"欲望是催人向上的动力，也是害人毁人的源头。虚荣和贪婪都源于人性，所以说，要完全杜绝人的贪欲是不可能的。但是，作为个体的人，每走一步都要为自己的未来负责，对待欲望也要有所控制，绝对不能任其一味膨胀。

贪为万恶首，贪是断命根。古人云："贪蛇勇行，必忘其尾。"贪是毁灭与不幸的根源。宋代朱熹说："世路无如贪欲险，几人到此误平生。"——在世间走贪欲之路最危险，多少人都是因此而误了一生。古希腊一位名人说："金钱和享乐的贪求，促使我们成为它们的奴隶，也可以说，把我们整个身心都投入深渊。"不义之财拿到手，开始觉得很幸运，但以后终会成为灾祸。克雷洛夫说过："钱是一种可怕的东西，当你用不正当手段去占有它的时候，结果你什么都失掉了。"不义之财是走进犯罪深渊的通行证。英国有一则谚语说："贪婪地追求金钱、不择手段地利己的人，等于一砖一瓦地给自己建造地狱。"不遏制贪婪之心和非分之欲望，就犹如火之燎原，水之滔天，后果不堪设想。

2010年之前，李启红的简历上笼罩着一连串的光环：广东省委党校研究生学历、区党委书记、市妇联主席、市委副书记、中山市市长。在主题为"2009，他们为中国赢得尊敬"的评选中，李启红甚至高调当选"2009中国十大品牌市长"，她当时获奖的颁奖词是："前瞻木兰，情系中山。"她多次考察扶贫工作；也多次带队访问美国考察当地经济；她的简历多次在当地媒体滚动播报，里面充满了一般人无法企及的夺目"光环"。

然而，不到半年，李启红头顶品牌市长的璀璨光环顿失颜色。2010年5月30日，时任中山市委副书记、市长的李启红突然从公众的视线中消失。之后传出消息，李启红因涉嫌严重经济违纪问题被纪委"双规"。

一切都是因为心中的贪婪和虚荣。李启红认为，市长应当有市长的派头，要有与市长匹配的财富。于是吃要高档，穿要名牌，房子要豪宅，车子要顶配，要比别人都强。怎么办？只有贪。贪心一旦被释放，就会像熊熊的烈火一样疯狂燃烧，直到最后把自己也烧毁。2011年10月，李启红以内幕交易、泄露内幕信息罪，被广州中院判处有期徒刑六年六个月，并处罚金人民币两千万元；犯受贿罪，判处有期徒刑六年，并处没收财产人民币十万元。法庭最后决定，两罪并罚，执行有期徒刑十一年，并处罚金人民币两千万元，没收财产人民币十万元。

与6个月前初次出庭受审时相比，当初风光无限的女市长李启红，头上已经添了不少白发。审判长宣判过后，她当庭声泪俱下。

"如蒙不洁，虽有他美，莫能自赎！"李启红做出了再多的成绩，也赎不了她的贪腐之罪。有人说人在金钱和物质的诱惑下总会变得愚蠢。虚荣心强的女人，很难抵挡住虚荣的诱惑。比如社会上流行吃喝讲排场，住房讲宽敞，玩乐讲高档，穿着讲牌子。在生活方式上落伍的人难免遭他人讥讽，女性尤其受不了别人的这个态度，于是不顾自己的客观实际，盲目跟随。不是打肿脸充胖子，负债累累，就是利用手中一切的资源，疯狂地攫取能满足自己虚荣心的资源，贪污腐败也就禁之不绝。最终，吃了的要吐出来，还落得个前途和人生尽毁。

所以，现代女性要远离虚荣，更要控制自己的贪欲，扛得住各种诱惑。生活中每个人或多或少都会面临着各种诱惑，或金钱，或权力，或美色……虚荣心强的人，常想的是得到什么，很少会想失去什么。他们往往经不住

第四章 远离虚荣，避开虚荣心构织的泥沼

金钱、物质、美色的诱惑，索取一个又一个，暂时占了便宜，得到了许多，但到后来也许会失去更多，甚至原有的名誉、地位、待遇也失去了。印度诗人泰戈尔说："顶不住眼前的诱惑，便失掉了未来的幸福。"可见这些纷至沓来的诱惑，是迷人的陷阱，是香醇的鸩酒。

越是虚荣的人受到的诱惑越多。如果不知道远离虚荣，一旦放出贪婪这个恶魔，就很难收住手脚。只有对诱惑看得透、放得下，在面对诱惑时才能够自制，想方设法顶得住、不乱为，不该做的不做，不该看的不看，不该去的不去，不该办的不办，不上诱惑这个"鱼饵"的钩，严于律己，时刻提醒自己，从而避免"一失足成千古恨"的后果发生。如果做不到，任由贪心泛滥，那自然免不了受到贪心的惩罚。

每个人都是有七情六欲的血肉之躯，面对诱惑，偶尔表露一点"好感"，出现一时的"心动"，有过一丝的犹豫，从人性的视角来看，也是人性本能和弱点使然。这并不可怕。问题在于如何迅速将这种"好感""心动""犹豫"消除，把名利看淡，把物欲看穿，将这些欲念永远"锁"在心底，不让它出来害你。

物欲给人的负担很沉重，放下就是轻松；名利给人的烦恼很痛苦，看破就是宁静；贪欲给人的烦恼很恶毒，断除就是幸福。所以，现代女性一定要认清虚伪的危害，控制自己的欲望，时时想一想贪欲的危害，想一想，如果我这样做了，满足了虚荣心，却进了监牢，会怎么样？丈夫、孩子、家人会怎么样？多问几个假设，多想几个结果，就会警醒我们，远离虚荣的干扰，闭紧贪欲的大门，控制贪婪的底线，约束自己的行为！不掉进虚荣的陷阱，不毁灭于贪婪的天坑，安于平凡，安于平淡，一心一意把自己的幸福守住。

4. 脚踏实地,用务实的态度打败虚荣

虚荣就是自欺欺人,用表面的风光骗自己,也骗他人。要打败虚荣,最好的办法就是求真务实,就是脚踏实地,一是一,二是二,实事求是,不欺人,也不自欺。女性尤其要如此。

在急功近利、浮躁的大环境影响下,许多女性渐渐远离了务实求真的生活态度,随波逐流,变得虚荣和浮躁起来。以职场为例,许多从学校来到职场的新人,怀着美好的憧憬进到公司,可是看到的却是与自己期望值相差很大的现状,这时大家就会觉得这家公司可能不是我想要的,出去可能会找到更好的,于是,毫不犹豫地跳到另一个地方。到了另外一家,发现好一点,但是跟理想中还是有差距,算了先做着吧,做着做着又发现没什么机会,还要受气,这怎么行,另谋高就吧,于是在辗转中还是找了下家。但是等再找到一家的时候,发现自己的同学好像升职的升职,加薪的加薪,而自己却还在基层苦苦挣扎,心情当然好不起来,虚荣心更是逼得自己要发疯。于是拼命表现,拼命做业绩,但已经远远赶不上那些脚踏实、一步一个脚印在一个公司里好好干的人了。这是虚荣心的错。这山望得那山高,以为那山会更好,越跳越浮躁,为了面子,越跳越想要跳好,但现实与我们的理想根本不一致,过于浮躁的心态,爱慕虚荣的渴望,让她们只把目光盯在更好的单位,却没有努力提升自己的能力,这样的人注定不可能会越跳越好。

周芸从普通大学毕业就到了保险公司,但没做多久就跳了槽,之后不停地跳来跳去,先后换了几个工作。虽然每进入一个新单位时,周芸的发展总比其他员工顺利一些,但最终并不能强过他人。周芸自己也清楚,有时候表现一下自己会比埋头苦干更

第四章
远离虚荣，避开虚荣心构织的泥沼

有效。从参加第一天的职员会议开始，周芸逮着机会就发言，尽可能给领导留下深刻印象。当其他新员工埋头苦干、还分不清单位里谁是谁的时候，周芸已经掌握了很多重要信息，比如，公司里重要人物是谁，都有什么特征和爱好。单位组织出游，周芸总是最卖力的，帮同事摄影、给领导买饮料、替别人背包，不遗余力。她记得王经理喜欢乌龙茶，周经理喜欢冰红茶，而主任只爱矿泉水。周芸背上了颇有专业架势的相机，不厌其烦地为同事留影拍照，脸上始终带着微笑，尽管技术略逊，但无论同事提出什么要求，她都表现出极大的耐心和极佳的态度，在场的同事没有一个不夸她的。

然而，这些技巧和手段掩盖不了她工作能力的平庸，虽然一开始大家也都尽可能地谅解她，帮助她，支持她，但随着工作的深入，领导、同事都慢慢嫌弃她了。她头上的那些光彩也渐渐消失。这个时候，虚荣的周芸就会想着再次跳槽，重复地上演受欢迎——赢得表面风光——被嫌弃——再次跳槽的戏码。几年过去，她的工作还是老样子，没有任何起色。

周芸的经历就是一个典型的被虚荣心害苦了的案例。与其这样遮遮掩掩、迎合他人换来一时的风光，还不如脚踏实地，多努力提升自己的工作能力，用能力说话，踏踏实实把工作做好，不再跳来跳去，也许几年之后，就会成绩斐然。显然，周芸没有明白这一点。

一说到脚踏实地，很多人会想起"老实"这个词，其实脚踏实地做事与一个人是否老实没有关系。脚踏实地，是求真务实的态度，是实事求是的行为，不虚荣，不浮躁，一步一个脚印，不欺人，更不自欺，把每一步都做到位，都做好。既求真，又务实。

几年前有媒体曾报道，一位清华的女博士何明，为了写好一篇关于女性农民工在服务业的生存状况的论文，应聘到酒楼当服务员，隐姓埋名，认真做服务员，端了一年多的盘子。在酒楼工作期间，她时刻以最优秀的服务员标准要求自己，与其他女服务员同吃同住，同甘共苦，对女性农民工进入服务行业的真实情况有了全面深入的了解。经过一年多的亲身体验，何明写出了一篇高质量的博士论文，叫《服务业女性农民工个案研究》，引起学界好评，后来她成功被四川大学录用，并任社会学系讲师。

脚踏实地地努力，才会有实实在在的收获。现代人向往成功、追求成功、想要拥有优渥的生活条件，女性尤其如此，为了获得自己想要的一切，她们愿意付出更多的努力。但有些女性好高骛远，能力不足，想要的得不到，面子上又过不去，在虚荣心的驱使下，就弄虚作假，耍心机，以换得表面的荣誉和赞美。比如有的人为了在领导和同事面前表现自己，常常加班加点工作，误认为唯有让领导看到自己的努力，才能得到上司的赏识。其实工作效率与工作业绩才是最重要的，整天忙忙碌碌的，结果却没有任何成绩，反倒会让领导怀疑你的工作能力，得不偿失。脚踏实地、求真务实的员工，往往更受领导的青睐。

几年前，刚刚踏出医学院大门的明芳，到现在上班的这家医院应聘。先是综合面试，接下来是理论知识笔试。前两天明芳还能勉强过线，到第三天，在该院权威教授主持的临床治疗问答中，明芳败下阵来。

教授问的题目，并非罕见的疑难病症：在5000米以上的高原，病人由病毒引起的重度呼吸感染，发烧流涕、咳嗽、血压低，还

第四章
远离虚荣，避开虚荣心构织的泥沼

伴有一些阳性体征，该怎样处理？

明芳的回答是：采用常规疗法。可教授给判了不及格。还补充需用抗菌素。回到座位，明芳迫不及待翻阅随身携带的书籍：自己的回答没错啊！而教授补充的加用抗菌素，是禁用的。

面试结束，其他应聘者或带了喜悦，或带了沮丧离去，明芳倒不为自己的失利沮丧，她相信机会还有很多，只是为这个问题纠结不已：为什么教授说要用抗菌素呢？明芳决定找教授再请教一下，把疑问弄清楚，不管是以后面试还是实践，这都是一个需要弄清楚的问题。

下班时间到了，教授同一位50余岁的先生走出医院，两人一边走，还一边聊着什么。明芳有些不好意思地拦住了教授，把心中的疑问说了出来。

教授有几分意外，但还是耐心地给她做了解释："你的回答，在常规情况下没错，但我问的是5000米以上的高原。高原气候恶劣，病人抵抗力下降，很可能合并细菌感染，所以明知抗菌素无效，也要加大剂量使用……"明芳一听茅塞顿开，如获至宝，非常诚恳地向教授道了谢，正要离去时，一直默默站在一旁的那位先生忽然开口："等等！"对方上下打量她，露出赞许的神情："不错，面试失利了不沮丧，还当成一次学习的机会。如果每个年轻人都能这样，假以时日，一定能青出于蓝而胜于蓝。这样好吧，你明天来上班。"

啊？这是什么状况？明芳一下子呆住了。教授忽然哈哈大笑："小姑娘，你运气来了，这位就是我们的院长。"

如果明芳是一个虚荣的人，既然没能被聘用，就意味着自己比不上他人，为了面子，也不会再去问把自己淘汰掉的教授，那么她肯定会失去这次机会。机会的获得并非真的是她的运气有多好，而是她不顾面子，摒弃虚荣，只为了弄清自己心中这个事关人命的问题，这正是作为医生最重要的素质，最需要的求真务实的态度！

　　脚踏实地的女性就是这样实实在在，不走过场，不搞形式，不求虚荣，不摆排场，不要花架子，不要假招式。这样的女性踏踏实实做自己的事，过自己的日子，不会这山看到那山高，不会眼红攀比，也不会幻想一夜暴富，不指望不劳而获，更不会拉大旗作虎皮，而是清清楚楚认识自己，平静接受自己的一切，定好自己的目标，踏踏实实一步一步努力，直至最终实现自己的梦想。这样的女性，当然不会与虚荣扯上任何关系。

5. 释放生活的压力，让虚荣走开

　　压力是现代社会的隐形杀手之一。世界卫生组织调查表明，女性比男性面临着更大的压力。在生活中，女性比男性更辛劳，承受的压力也更大。尤其在家庭、事业、金钱方面，女性感到的压力远远超过男性。她们对家庭、事业抱有太多的幻想，然而社会发展变革带来的动荡不安的经济状况、紧张的工作、个人感情问题和就业压力等，会使女性的压力更大。因为现实的困难使女性的很多幻想难以遂心如愿，带来的心理压力会让女性更难以承受。有时候为了面子和虚荣心，女性会想方设法、不惜手段地实现心中的愿望，并由此获得满足和快感。但这都只是暂时的，风光过后内心会更空虚，压力会更大。换句话说，虚荣心会使压力增加。

　　就拿大多数女性都特别关注甚至倾尽心血的孩子的教育来说，虚荣心越强，妈妈和孩子就会越累。2012年2月还发生过一起17岁的高中生为摆脱学习压力把一直陪伴自己学习的母亲杀

害的惨剧。细究起来,这就是因为太强的虚荣心,给孩子带来了巨大的压力,导致孩子难以承受。

在父母眼里,这个孩子非常优秀,学习成绩好;亲戚、邻居一提起他都赞不绝口。他的妈妈更是为孩子费尽了心血:从孩子上小学开始就辞职当起了全职妈妈,全部精力都放到儿子身上——早上吃完饭,骑电动车送儿子上学;中午放学再接儿子回来,吃完中午饭再送走;晚上10点下晚自习后再接回来。她对儿子的要求非常严格,学习抓得很紧。

一家人的花销全靠当工人的父亲,但夫妻俩省吃俭用,给儿子报了很多补习班。"妈妈给我报了4个补习班,一个语文班、一个数学班、一个英语班、一个物理班。到了今年寒假时,改成了两个化学班、一个语文班、一个数学班、一个英语班。整个寒假都在补习,过年前补习到腊月廿八,年后初五就开始上补习班了,中间休息的几天都是在家写作业。"这个孩子的成绩因为如此努力也是相当好的,平时在班里排第20名左右,在全校排90名左右,考得不好时也能排在全校300名内。按该校的整体水平,排名在600名以内的都能上重点大学。

谁能想得到,这样一位妈妈,这样一个孩子,最后居然会酿成如此的悲剧呢?而在案发后这个孩子供述杀人动机时说:"我不后悔,因为终于可以不用学习了,不用压力那么大了。"

真是很可悲!孩子可悲,这位母亲更可悲。

每一个父母都希望孩子有出息,能上名校,能有成就。于是从孩子一出生就拉着孩子一起飞奔,美其名曰"不能让孩子输在起跑线上",看到别人家的孩子学什么,不管孩子是不是喜欢,也一股脑儿地给孩子报各种班,钢琴、足球、英语、数学、演讲、唱歌、画画、轮滑……不管孩子能不能接受,也倾尽一切力量、花费大量的金钱、甚至不惜牺牲自己的生活和事业，一心一意照顾孩子，希望孩子上最好的学校，获得很大的成就，实现自己未能实现的梦想……这一切，真的是对孩子好吗？是爱孩子吗？其实细究起来，完完全全就是为了满足家长自己的虚荣心。

我们自己生怕输给了别的妈妈，我们自己想要孩子给我们"长脸"、给我们"争面子"，孩子表现越优秀，我们在他人面前越有骄傲的资本……这不是我们虚荣是什么？而这些虚荣，不仅会给我们自己带来经济上的、时间上的、精力上的巨大压力，也同样会带给孩子巨大的压力。压力过大，铁打的人也会被压垮。

一名培训师在课堂上拿起一杯水，然后问台下的听众："各位认为这杯水有多重？"有人说是半斤，有人说是一斤，培训师则说："这杯水的重量并不重要，重要的是你能拿多久？拿一分钟，谁都能够；拿一个小时，可能会觉得手酸；拿一天，可能就得进医院了。其实这杯水的重量是一样的，但是你拿得越久，就越觉得沉重。这就像我们承担着压力一样，如果我们一直把压力放在身上，不管时间长短，到最后就觉得压力越来越沉重而无法承担。我们必须做的是放下这杯水，休息一下然后再拿起这杯水，如此我们才能拿得更久。所以，各位应该将承担的压力适时地放下好好地休息一下，并于一段时间后再重新拿起来，如此才可承担更久。"

虚荣心导致的压力与工作压力或者其他的压力有所不同，虚荣心导致的压力是爱慕虚荣的人强加给自己的，是一种来自于正常生活之外的无端压力。这种压力让我们永远处于和其他人的比较中，并且一直处于劣势。虚荣心强的人不容易满足，又爱攀比，一旦别人在某方面超过了自己，就会产生一系列不平衡的心理状态。这样的人往往伴有心理疾病。明明能力有限，却又不肯放手，撑到最后不是工作无望就是身体被拖垮。现代女性是有知识、有修养又有能力的新型女性，社会给了我们足够的地位和与男士们平等的机会，如果不尊重自己的知识，浪费自己的资源，一味去和他人攀比，为了满足自己的虚荣心而混于职场，到最后一事无成，实在有些可惜。要学会赶走虚荣心，释放压力，放松自己别让压力压垮自己。下面这些方法，有助于女性远离虚荣心，缓解压力。

（1）放弃对虚荣的执念

总想得到一切，却不愿失去，这种心理会使你变得患得患失，每天都带着沉重的包袱生活，困难也会被放大形成压力。要学会放弃这种执念。虚荣是表面的光彩，虚假的风光，即便能一时出人头地、受人仰慕又有什么用？为了一时的风光付出巨大的代价、受巨大的压力实在是太不值得。

（2）适当放低自己的标准

不必总跟别人比，也不要用别人的标准来要求自己；不要一直不停地跑，让自己每天都疲惫不堪，适当地停下来，歇一歇，会让你接下来跑得更快。不必太在意别人的眼光，别人眼里成功的你不一定是幸福的，生活是否幸福完全来自于自己内心的感受。

（3）稍微放慢你的节奏

职场如战场，职场女性所承受的压力也与一个士兵不相上下。不仅要做好工作，还要承担着妻子、女儿、母亲这些角色，很多人每天的工作生活就好像有一只大老虎在身后紧追，人生这列快车高速行驶着，何不让自己慢下来呢？慢慢走，走得更远。放缓你做事的节奏，试着做什么事都慢一些，你会感受到久违的轻松。

（4）事情一件一件地做

别管有多少需要做的事，别老是想着，老是记着，老是感觉到事情很多。把事情分门别类，一件一件地做，一件一件认真做好，不留尾巴，效率会高得多。更重要的一点，不必强求自己把所有的事情都做完，每一件事都必须做到100%，尽自己最大的努力就好，要允许自己的工作有瑕疵。

（5）适当地对他人倾诉

心理学家认为，职场女性要学会倾诉，倾诉的对象可以是自己的闺中密友，或是自己的丈夫，还可以找专业的心理专家进行倾诉。倾诉可以帮助职场女性得到心理的释放和精神的解脱。

当然，还有很多可以缓解压力的方法，我们不妨试一试，用多种方法缓解压力，让心情放松，一切都会变得更美。

虚荣是一种心病，没有足够的控制力，你很难攻克它，远离它。虚荣心对人最大的伤害是没有安全感，没有满足感，给自己带来压力。现代女性家庭和事业的双面压力，已经很难承受了，还人为地制造这样的压力出来，身心之累可想而知。所以，女性要学会释放压力，摆脱虚荣的控制，让自己轻松起来，生活会更自在。

6. 学会转移心境，远离虚荣

虚荣是"虚假的光荣"，所以虚荣不会让我们感到真正的内心充实，它只会给我们带来无尽的烦恼和沮丧。斯坦福大学心理学家亚历山大发现，虚荣的人都容易看到别人的好，别人的不好他们不看也不愿看，因此，总觉得自己活得没有别人好，总觉得心有不甘又无可奈何，无法改变。于是烦恼来了，无穷无尽。学会转移心境，把心思转向与虚荣无关的事情上去，就能远离虚荣。

比如，办公室里某某正在炫耀你一直想要买却没有足够能力支付的那款最新时装，大家正七嘴八舌地称赞时装、称赞她时，你的心里一定是满满的"羡慕嫉妒恨",如果再不走开,你就会被自己心中的怒火烧伤。这时走出办公室,在外面喝一杯咖啡或者听一段音乐、看一下景色都可以让你的心情很快平复下来。

又比如某人得到了额外的奖金,正在高呼姐妹们晚上一起出去庆祝,这时你的心里也一定会如打翻了五味瓶,说不清滋味,那么,不妨离开一下。所谓"眼不见,心不烦",听不到炫耀,被比下去的虚荣心也就没那么强烈。远离那些让自己可能被虚荣心打垮的

场所,转移心境,看看外面的世界,得到的,不仅仅是心的宁静,更是素质和文化修养的提升。

比如你想要竞争某个岗位,本来志在必得,却被他人完美碾压、无情淘汰,你强烈地感觉到自己不如别人。这时不要让挫败感抬头,多想自己的优点,多看看自己已经拥有的,多给自己一些正能量的暗示,自信心就会慢慢被找回来。虚荣心自然无处躲藏。

曾经在职场呼风唤雨的成功人士突然有一天宣布离开,在众人惊诧的表情下,她只淡淡一笑"只想做回真正的我",就这么简单。与其在虚荣的世界里面对自己孤独的影子,还不如在阳光下享受自然更真实。哪怕这种真实会有被看破的风险,会不被认同,但起码不是虚荣的,不是沉重的。

那么,如何才能轻松地转移心境,远离虚荣呢?

(1) 把精力放在工作上

除了工作需要,少与那些爱攀比或者经济实力比自己更强的人打交道。争取在工作上有突出的表现。在工作上成绩优异的女性会受到更多人的关注,自己也会因此更加自信。有了足够的自信,一般就不会追求虚荣了。

(2) 正确评价自己

不仅要看到自己的长处和成绩,也要看到自己的短处和不足,对自己

采取实事求是的态度，这样才可避免因过高估计自己的能力造成的难堪局面。女性在与同性交往过程中，不要过于相互比较穿戴打扮，而应多发现和学习对方在言谈举止中表现出的良好的内在素质，同时在自己身上找出不足，学习他人长处，以不断提升自己的素质与能力。

（3）提高自我修养

要认识到人的价值而不应过分追求表面荣耀，应致力于提高内在修养。表面的华光不能掩饰一个人内心的空虚，真正的学识才能让人内心充盈，抛弃事物表面的浮华，远离虚荣心。有修养、有内涵的女性才是值得他人尊重和学习的。

（4）合理安排自己的金钱，管理自己的财务

爱虚荣的女性往往不顾实际经济状况而乱支出、高消费。一旦自己的经济无力支撑，便会产生严重的后遗症，比如不择手段、自甘堕落、不知廉耻。养成量入为出、合理开支的习惯，也有助于抑制虚荣心的滋长。

（5）正确对待舆论

生活在群体之中，总免不了被别人品头论足。有些评论是正确的，那我们就应该认真对待；有些评论则未免有失偏颇，那我们就应提高辨别力，不要人云亦云、毫无主见。

（6）学会公平竞争

是竞争总有输赢，不要把眼光只盯在输赢上，要注重竞争的过程，从中发现自己输或赢的道理，体会竞争的乐趣，形成健康的心理。

（7）比较要有尺度

根据个人的实力来与别人进行正确的比较，不和那些比自己能力强很多的人作比较。这样会影响自己的心情，令自己有不如他人的想法。

第五章

淡泊名利,别让欲望吞噬了自己的幸福

"天下熙熙,皆为利来,天下攘攘,皆为利往",人活在世上,无论贫富贵贱,穷达逆顺,都免不了要和名利打交道。如果过于看重名利,任意放纵自己的欲望,终会为名利所累,被欲望吞噬。这样的女性是不幸的,也是可怜的。之所以被欲望吞噬,是她们想要的太多。要活得轻松自在、幸福安乐,就要学会淡泊名利、看轻得失。

1. 幸福不是拥有得多,而是计较得少

我们每天都在追求幸福,但又有几个人真正感觉到幸福的存在呢?罗曼·罗兰曾说过:"所谓幸福,是在于认清一个人的限度并且安于这个限度。"幸福是我们对自己及周围环境或人生目的感到满足、和谐的一种状态。幸福是主观的,幸福是一种对生活的感悟,幸福是一种生活的心态;幸福不是你拥有得多,而是你计较得少。

梁红因为看到丈夫又在家里抽烟狠狠地骂了丈夫,丈夫不仅没认错,还吼了她两声,她心里觉得委屈极了,于是摔门就出去了。

已近黄昏,大街上人流匆匆都在往家赶,梁红觉得自己是为丈夫着想,却落得如此回报,越想越伤心,越想越眼泪汪汪,漫无目的地在大街上走。地铁口站着一个盲女,正在大声地唱歌,有人停下脚步在她的手中放下零钱。盲女用沙哑的声音说:"多谢!祝你身体健康。"然后继续放声歌唱。

盲女欢快的歌声吸引了梁红,她很奇怪:"她为啥这么高兴,唱得这么快乐呢?我比她更有资格唱歌,可是我却泪眼蒙蒙。这是为什么?"梁红静静地站在离盲女乞讨处不远的一张长椅旁。

盲女婉转欢快的歌声在市井的繁华中并不起眼,并没有几个人听她的歌唱,也没有几个人停下来给她钱。歌声就好像麻雀的叫声

融进了嘈杂的工厂——根本没有什么影响。但盲女依然动情地唱着。

待她停下来，梁红走过去问她："吃晚饭了吗？"她笑着说："还没有。"于是，梁红为她买了一份晚餐。盲女一边吃，一边介绍自己。她26岁，单身，从外地来的，孤身一人在这里卖唱行乞。

盲女津津有味地吃着东西，梁红默默地看着，心想：我们虽然年龄相仿，但生活的环境却有着天壤之别！我有健康美丽的身体，她双目失明；我吃的是美味可口的饭菜，她却可能在饿肚子；我身着名牌，而她衣衫褴褛；我有那么心疼我的丈夫，她没有。她是一个极度贫穷的流浪者，但她却幸福地歌唱着，而且是那样快乐地唱着。为什么我不能呢？为什么我这么伤心呢？

梁红这时忽然意识到，是自己对生活的要求太高了，自己计较得太多了。丈夫对自己很好，从来没有朝自己吼过。今天他是因为心情不好吗？想到这儿梁红一惊，是啊，自己怎么没有想想丈夫为什么会发火呢？他遇到什么事了吗？她急忙站起来告别盲女往家走。刚到小区门口，就看到丈夫正在焦急地张望。梁红心中一热，急忙走过去拉起丈夫的手，丈夫看到她，如释重负，揽过她的肩，两人一起依偎着回家去了。

幸福是什么？幸福就是一种感觉，是你内心深处所领悟到的一种让你愉悦、满足和欢喜的感觉，让你不由自主露出微笑、情不自禁展现开心的感觉。这种感觉于每一个人而言都是独一无二的，这种感觉与金钱、地位或是美丑、强弱都没有太大的关系，因为它没有固定的标准，更没有统一的解释，它就是我们心中的感觉，我们每一个人都能拥有的感觉，愉悦、满足和欢喜的感觉。这种感觉与金钱无关，与地位无关，与你拥有什么无关，只与你的心态有关。拥有再多还事事计较，你也不会幸福，拥有再少不去计较，懂得知足，也会让幸福满溢心中！

白岩松说，幸福就像鞋一样，合不合脚只有自己知道。幸福不是别人眼中的模样，而是自己心里的感觉。当你身处沙漠，口干舌燥之时，一杯泉水是幸福；当你身体疲倦，两腿发软之时，一张温暖而厚实的大床是幸福；当你失意落魄，孤独无助时，轻轻的扶持是幸福；当你卧病在床时，有人端茶递水是幸福；当你事业成功时，有人真诚地祝福是幸福；当你遭遇失败时，有人关心和鼓励是幸福。

小张是个聪明美丽的女人，性格也文文静静，说起话来慢条斯理，轻声细语，却很容易看穿别人的心事，把话说到别人的心坎上。她的生活说不上令人艳羡，却也自得其乐。丈夫为人谨慎，事业已经步入正轨。她有一个聪明伶俐的男孩，但对孩子从不苛刻要求，不会强迫孩子学这学那。每逢双休，一家三口总要出去游玩一番。小日子过得舒适滋润。小张每天都要睡个午觉，花一定时间来健美，生活非常有规律。对那些能力超过自己的同事，她从来不会产生嫉妒之心；对那些不如自己的同事，她也不会产生鄙视之情；只对一些势利小人冷眼旁观，但也不针锋相对。她心明如镜，和那些为了利益拼得你死我活的人相比，她的人生才叫精彩。

小张之所以会有如此的心态和气度，完全是因为父亲的一句话。她记得在读书的时候，因为体质非常弱，许多体育活动都无法参加，于是她在学习上就非要一争高下，偶尔有一门功课拿不到第一就会难过、自责。有一天，父亲对她说："你做得已经很好了，凡事不必非要刻意去追求优秀，能做到内心认可就行了。"从此，她的心态放宽了，也不再去和别人比较了，而是专注做好自己，这样反倒让她的成绩有了新的突破。高考前，小张给自己的定位是上一所普通大学，因为压力不大反而发挥更好，轻松地考上了重点大学。毕业后，她根据自己的能力选择了和自己专业对口的一家单位，她为的就是离父母近些，能互相有个照应。就这样，小张一点一点地构建着自己的美好人生。

一个幸福的人往往不是由于他拥有得多，而是由于他计较得少。计较少了，快乐就多了，不计较让女人轻盈，不计较让女人舒心，不计较让女人安贫乐道、知足常乐，不计较让人感受到的是无处不在的幸福！

不与小事计较，不与得失计较，不与他人计较，做到这些，心中还会有什么委屈？一个人想要生活得幸福其实很简单，那就是让自己简单起来。简单地对待得失，简单地面对一切竞争与较劲。表面上拥有得多的人并不一定是一个幸福的人，而看似失去了某些东西的人也并不一定不幸福，幸福不是以得失来衡量的，幸福是心态，是感觉，是满足的微笑。

2．攀比、嫉妒、满足虚荣心，哪里有真正的幸福

一心一意追逐名利，整天沉迷于攀比嫉妒之中，满足自己的虚荣心，或许表面上看起来这样的人生活得很风光、很精彩，但实际上呢？只有他们自己知道，人前的风光后面，有多少眼泪和辛酸。

虚荣攀比风气最盛的莫过于红白喜事。在农村，婚礼宴席攀比风愈演愈烈，有的婚礼仅酒席就摆了上百桌，成队名车迎亲，花费少则数十万元，多则上百万元；高价彩礼也"与时俱进"，除了礼金、小汽车等彩礼之外，又增添了"城中房"一项，农村青年婚娶负担太重，很多人为结婚债台高筑，苦不堪言。26岁的小李便因婚事四处借钱，负债累累。26岁的他在农村就算是

大龄青年，父母希望他尽快成家，因此对于女方所提条件尽量予以满足。当时给女方礼金一共8万元，婚房中家具、电器等不算，又买了一辆价格近10万元的雪佛兰轿车。后来在女方的坚持下，又花26万元在县城买了一套面积较大的二手房。整个婚礼算下来花了50万元左右，小李把家中所有的积蓄全部花光后又借贷20多万元。跟小李家一样，好多农村家庭都被一场昂贵的婚礼抽空了，被沉重的债务压得喘不过气来。

厚葬更是一项顽固的陋习。灵堂内吹拉弹唱，送葬队伍一路鞭炮燃放、鼓号奏乐不断，而且攀比成风，比来比去，越比越讲究排场，越比花费越昂贵，许多人都抱怨"死都死不起了"。

除此之外，孩子生日宴也有摆阔之风。一个10岁孩子的生日，也能在酒店摆近50桌酒席！在外打工的青年也纷纷攀比，看谁"衣锦还乡"，回乡时有面子有排场，有的人虽然在事业上没什么成就，但在回乡时却想着如何让自己也风光一把。有一位青年就想出了个"高招"，他租了辆宝马开回家充门面，大家赞扬和羡慕声一片，不知他的心里作何感想。

这样表面上光彩、背地里却债台高筑的生活，怎么能说得上幸福？攀比过后只有辛酸，没有幸福。

虚荣很容易导致嫉妒心理，进而引起极端的攀比行为——用各种各样的方式去追求虚假的荣誉，以期获得尊重。比如撒谎、作假、投机取巧等。强烈的虚荣心让人整天沉浸在痛苦之中，心情沮丧、精神萎靡，容不得别人一点点成功，一门心思想把别人比下去，却忽视了这种心态是不可能战胜别人、也不可能让自己提高的现实。爱虚荣好嫉妒的人与他人总是不和，无论是上级还是同事、亲人或者朋友，在他们眼里，别人一无是处，远远赶不上自己，却比自己幸运，得到的更多，比来比去更不可能得到幸福。

第五章
淡泊名利，别让欲望吞噬了自己的幸福

有这样一个女人，总觉得自己有倾国倾城的美貌，最恨别人比自己过得好。女人的男人升职了，一日，她去朋友家做客，本想借此在朋友面前炫耀一番，不料到了朋友家才得知，朋友因老公工作调动，要举家移民美国。看到朋友眉开眼笑地向自己说移民美国的事，女人怒火中烧，本想着来炫耀一番，却反被比了下去，女人满肚子的怨气，悻悻地离开了朋友家。

回到家中，老公正在准备晚饭，说要和女人好好庆祝一下自己升职，不料女人满脸阴云："就是个小主管，有什么好庆祝的，我的朋友都要移民国外了，我的命怎么这么苦呢？样样比别人好，却过得这么差！"男人一听，愉快的心情荡然无存，两个人争执了几句，男人摔门而走，后来，男人和女人离婚了，让她去寻找配得上她的另一半。

一年后，女人再婚了，这次她如愿以偿地去了国外生活，经常向身边的人炫耀。可渐渐地，她又发现自己过得不如愿了，有人总能去迪拜疯狂购物，而她顶多去买打折的东西，"我这么优秀，怎么找不到好男人呢？"第二次婚姻再次破裂了。

女人的年纪已经不小了，想再找到一个如意的人很难，每一次她都对相亲的对象嫌东嫌西，直到有一次朋友介绍给她一个男人，说这个男人是外企公司的大经理，有钱、有车、有房，离异。女人听后欣喜，整装去见男人，不料见到时，女人愣了，原来对方竟是自己的第一任丈夫！女人怎么能想到，现在的他如此成功呢？男人似乎看出了女人的迟疑，笑着说："今天的成功都是从那个小主管做起来的！"女人觉得无地自容，低下了头。

在攀比和嫉妒中过日子，从来看不到自己的幸福，这样的人哪里还有真正的幸福？一味地攀比、嫉妒，心理越来越不平衡，从来没有满足过的

心灵越来越空虚，到最后看什么都不顺眼，对什么都不满意，以至于美满的婚姻一再破裂，到最后不得不面对自己的失败。职场上也是一样，许多女性并不是没有能力，也不是不希望自己的工作能够做得顺利和精彩，只因为嫉妒和攀比，失去了正常的心理状态，工作做得总不尽如人意，人生过得一团糟。

幸福，是指一个人的需求得到满足而产生长久的喜悦，并希望一直保持现状的心理情绪。一旦虚荣心占据了心灵，幸福就无法靠近。现代女性要认识到虚荣心的危害，树立正确的人生观、价值观和荣辱观，淡泊名利，净化心灵，始终保持一个平常心，不盲目攀比，不嫉妒别人，过自己的日子，享受自己的生活。

3. 何必羡慕别人，每个人都有自己的幸福

每个人都会追求自己的幸福，这是一种本能，是一种权利，也是人生必要的过程。不懂得追求自己幸福的人生，是没有意义的。我们生活中有两种完全不同的人，一种人即使是生活在寒冷的冬天，也会很乐观地告诉自己，既然冬天来了，春天也就不远了；还有一种人，明明生活在阳光明媚的春天，却还是悲观地认为好花不常开，好景不长在。羡慕别人，总觉得世界上任何人都比自己幸福，只有自己生活在水深火热之中。

幸福不是别人看得见的，幸福只在自己的心中。每个人对幸福的要求不同，幸福的方式也各不相同。有的人的幸福来自于别人的一个微笑；有的人的幸福来自于睡一个好觉；有的人的幸福来自于一朵鲜花；还有的人的幸福来自于疾病痊愈……无论哪一种，再小的幸福也能让人心怀喜悦，心怀满足。

第五章
淡泊名利，别让欲望吞噬了自己的幸福

在野生动物园里有一头狮子，它从一出生就生活在铁笼子里。寂寞的时候，它静静地凝视着远方。那点点飘飞的白云以及草原上丰美的水草，无不让它生出无限的向往。它一心想着要是能突破这冰冷坚硬的栏杆该有多好。有天夜里，另一头狮子不知怎么溜进了野生动物园，它对笼子里的狮子说："我真羡慕你，每天你不用干活就可以想吃什么就吃什么。"

笼子里的狮子摇摇头说："我的痛苦你不明白，笼子里很寂寞，像你生活在草原上自由自在，那才是最幸福的生活。"两头狮子都向往能过上对方的生活。

机会终于来了，一天晚上，由于管理员的疏忽，关在笼子里的狮子与草原上的狮子交换了位置。现在笼子里的狮子可以去草原上过自己快乐自由的日子，而草原上的狮子也可以被关在笼子里，想吃什么就有什么了。

交换了位置的两头狮子应该过得幸福了吧？但没想到没过多久，两头狮子都死了。从笼子里走出去的狮子在争夺猎物时被别的狮子咬死了——因为一直过着想吃什么就有什么的日子，这头狮子不具备从别的动物口中夺食的本领，所以只能被其他狮子咬死。而从草原上来的狮子过了一段悠闲日子就开始觉得寂寞无聊，它一遍遍嚎叫着冲上铁栏杆，用头撞，用爪子撕扯，把自己弄得血肉模糊，依然无法离开笼子，最后一次，它撞死在栏杆上了。

这个故事告诉我们，每个人都有自己的幸福，别人的幸福不一定适合你，你的幸福也不一定是别人想要的。幸福是来自内心的感受，羡慕别人所得到的，不如珍惜自己所拥有的，哪怕是失败的经历、哪怕是后悔的行为，甚至是悲痛的记忆，一路走过再回头时，依然能看见自己平凡的足迹，依然是人生中最美好的真实，这就是幸福。

看不到身边简单的幸福，却把幸福寄托在羡慕他人的身上，这种人是愚蠢无知的。幸福不是只在世外桃源才有，也不是只有花前月下才叫幸福。幸福是一种感觉，一种内心平和与满足的感觉。没有忧虑、恐惧，是一种简单的快乐，只要要求不多，只要不任由虚荣心控制，只要不一味羡慕别人，过好今天，善待自己和身边的人，我们就是幸福的。

幸福表面看来是"好事"带来的结果，实际上是由外界情况引发的一种内心感受。对多数人来讲，幸福是游移不定的，因为他们的生活总是受外界的影响。保持幸福的最好办法就是通过日常的修炼使内心平和；心态平和了，就很容易养成一种情不自禁的选择幸福的习惯。

有一首歌这样唱到："幸福在哪里？它不在柳荫下，也不春天里，它在辛勤的耕耘中，它在艰苦的劳动里，幸福，就在你闪光的智慧里。"生活中人们都喜欢把自己最满意最风光的一面展现给别人，可是谁知道风光背后有多少磨难和辛苦？得到的多就要付出的多。有一篇文章叫《其实我们没有晒的那么幸福》，里面说的是一些喜欢晒幸福的人背后的故事。晒出来的，是最好最美的，那些不能言说的，只能由自己默默承受。每一个人都有自己的幸福，同样，每一个人也都有自己的痛苦，只是我们没有晒出来而已。

与其羡慕别人的幸福，不如注意别人经营幸福的方法；与其羡慕别人的好运气，不如借鉴别人努力的过程。我们做出的每一件事，说出的每一句话，都应该有足够的理由让我们心里感到宽慰，让我们自己的心灵感到快乐和幸福。把握今天，把握自己的幸福，不必去羡慕别人，因为你就是别人眼中被羡慕的对象。

4. 感恩自己拥有的，不贪自己没有的

感恩是一种生活态度。它让我们以知足的心态去珍惜身边的人和事物，让我们在平淡的日子里，发现生活是如此美好。心存感恩的人，才会收获更多的幸福和快乐，才能远离烦恼。一个不懂得感恩的人，就算是遇到再好的机遇也不会好好把握，只会怨声载道，烦恼不止。感恩，就是多想想"别人为我做了多少"而不是"我从别人那儿得到了多少"。感恩的人，会觉得整个世界给了自己无比的恩情，而自己要用一生的时间去回报他们。

有人说，活得快乐的一个要领就是要对生活充满感恩。这话很有生活哲理。因为有一颗感恩的心，才能真正体会到身边的幸福，感受到生活的乐趣，获得人生的快乐。

我们感恩父母，才能体会到有父母给我们关爱、让我们依靠、为我们操心的幸福。父母是在我们来到这个世界之后，一直陪伴着我们成长的人。会在我们伤心失败时、跌倒时，不抛弃我们，陪在我们身边，为我们加油，给我们鼓舞与支持，这难道不是幸福吗？在我们成功时，父母站在幕后，默默地为我们高兴。父母的爱是人世间最无私的一种。不管经历什么样的苦难，不管遭遇什么样的变故，父母的爱可以穿越一切，抵达我们的心头。不管什么时候，不管我们在哪里，不管我们的处境如何，他们永远在我们的身后，默默地关注着我们，紧张地看着我们，我们生活得美好而幸福，他们也在一边幸福地笑着；我们遇到任何困难，他们都会急忙上前扶我们一把，把我们拉回到正常的生活轨道……他们的爱平凡地存在着，更长久、更贴心。那份无言的爱，是人间最美的声音，也是我们最大的幸福。

我们感恩爱人，才能体会出家的温暖，体会到爱的幸福！当浪漫的爱情步入平淡的婚姻，丈夫的爱也变得深沉而厚重，虽然少了花前月下，少了海誓山盟，但真正的爱已经变成了一个又一个平淡却深情的细节：下班回来时手上拎着一篮子青菜，过年过节时一个深情的拥吻，每一个节假日与孩子一起的欢声笑语。每一个生活的细节都演绎得爱意融融，每一个看似平淡的日子其实都充满幸福。感恩爱人，我们更能体会出人间爱的真挚、爱的温馨、爱的可贵和爱的芳香，更能感受到家庭的快乐和欢欣，体会到浓烈的幸福。

我们感恩朋友，更能体会友情的可贵，体会到有三两闺蜜的幸福。闺蜜是我们的出气筒，是我们的救命稻草，她们最知道我们的兴趣爱好，最明白我们生活的本色。她们容忍我们的坏脾气，再怎么对她们发火生气也不会和我们计较，不会和我们较劲；她们在我们伤心时安慰我们，在我们倾诉时倾听我们；在我们高兴时与我们一起分享……因为有她们的存在，我们的人生才更加精彩，更加丰满，从来不曾孤单！这样的幸福，值得我们时刻品味，永远铭记。

我们懂得感恩，就会懂得珍惜，就会感谢拥有的一切，就不会再贪心地想要更多，不再贪婪地想把世间所有的美好、所有的利益、所有的风光都占尽。那样的人太贪心，而太贪心的人，很难寻到真正的幸福。几年前电信诈骗大行其道，上当受骗的人那么多，就与贪心有关。

吴女士有一个温馨幸福的家，老公很爱她，孩子很听话，虽然收入一般，但吃穿不愁，生活很轻松很幸福。但吴女士最近有一桩心事，就是左邻右舍亲戚朋友都买了车，就自己家没买，特别是一直和自己要好的张姐，原本家中算是比较贫穷的，也买了车，还邀请他们周末一起自驾游。这让吴女士很难堪，只好推说有事不能去。

吴女士很想买车，周末也能带孩子四处走走，来个近郊自驾游什么的。但积蓄不够，没法买。吴女士烦恼不已。这天吴女士上QQ时，忽然跳出一个窗口，说是腾讯公司通过抽取QQ号码摇奖，吴女士非常幸运，中了特等大奖，而奖品正是一辆家用轿车！吴女士一看高兴极了，这真是喜从天降啊！于是吴女士按照网上的提示登录网站开始领奖。吴女士登录后就接到了电话，说因为奖金金额较大，按国家规定要代缴20%的个人所得税，10万元的车要缴两万元，需要先缴税才能领车。吴女士信以为真，兴冲冲地汇款两万元，就等着领车了。谁知对方再也没有了消息。

白白被骗走两万元，想买车又要等好久了。吴女士为此非常抑郁。

贪图那些意外之喜、白来之财，不是上当，就是受骗。感恩拥有的人，会觉得自己拥有的足够多了，很少会去贪求那些没有的。永远怀着感恩之心，对生活、对工作、对朋友、对亲人、甚至对世界万物都怀有一种感恩的心，我们就会更加惜福，更加明白，眼前的生活虽然不是最好的，但是我很幸福，也很快乐。因为我所拥有的这些，都是我曾经渴望得到的。我正在努力，只要我努力、坚持，那些没有到来的，也一定会来到我身边。感恩拥有的一切，就会懂得宽容，不再抱怨，不再计较；就会以一种更加积极的态度去回报身边的人，去帮助那些需要帮助的人；就会摒弃那些阴暗自私的欲望，使心灵变得澄清明净，就会更容易体会到生命中无处不在的幸福。得到是一种幸福，付出也是一种幸福；微笑是一种幸福，痛苦也可以是一种幸福。幸福没有形式，可以存在于任何一个场所，任何一个角落。下班乘着公交车，懒洋洋地看着窗外，就是幸福；回到家随意往床上一躺，什么也不想、什么也不管，就是幸福；匆匆忙忙地去学校接孩子，看到孩子小小的身影向你跑过来，就是幸福；下班晚了，丈夫在公交站牌下等着，然后拉着手一起回家，就是幸福……幸福无处不在，只要我们用一颗感恩的心来体会，感悟，我们就能切切实实地体会到身边一点一滴的幸福，我们就能感受到整个身心都被幸福装得满满当当！

5. 改变心态，简单生活也有满满的幸福

心态是一种潜藏的巨大力量，有人说："心态是横在人生之路上的双向门，人们可以把它转到一边，进入成功，也可以把它转到另一边，进入失败。"因此，从某种意义上说，一个人拥有什么样的心态，就会有什么样的人生。拥有虚荣的心态，也必然就会有虚荣的生活。现代女性要远离虚荣、消除虚荣心，改变心态至关重要。

世间有太多的事是我们人力不能控制的，但是，正如美国著名成功学家威廉·詹姆斯所说："我们这一代人的最大发现是人能改变心态，从而改变自己的一生。"虽然我们不能左右天气，却可以改变心情，走在雨里仍然可以找到晴天的感觉；虽然我们不能控制生命的长度，却可以决定它的宽度，人生可以因为我们的努力变得与众不同。我们可以控制自己的心态，改变自己的态度，最终使人生发生转向。比如我们可以扪心自问，锦衣玉食、宝马香车、虚名浮利、人前风光，真的是我们需要的吗？真的能带给我们快乐吗？整天追名逐利、在金钱和名利间沉沉浮浮，攀比过去攀比过来，人前欢笑人后辛酸，确实就是我们最希望过的生活吗？

其实生活并不需要这么多的竞争，更不需要这么复杂，生活其实很简单。生活是渴了喝一杯水、累了就歇一歇这么简单。生活不是一场梦的终结，也不是一段路的花开，而是简单的衣食住行，如果能够把生活想得简单，看得通透，不去攀比嫉妒，不去爱慕虚荣，就过一种纯粹而简单的生活，又何尝不是幸福？那些之所以永远找不到幸福方向的人，是因为他们把幸福想得太复杂，看得太高远，以为只有寻找，只有对比，才能看得到幸福的影子。其实最简单的生活，就是幸福。

在一条很古老的街上，有一位老铁匠，过去是打铁的，由于

早已没人需要那种定制的铁器,因此改卖了铁锅、斧头和拴小狗的链子。他的经营方式非常古老和传统,他人坐在门内,货物摆在门外,也不吆喝,也不还价,晚上也不关门。无论你什么时候从这儿经过,都会看到他在竹椅上躺着,手里拿着一个收音机,身旁是一把紫砂壶。他的生意也没有好坏之说,每天的收入正好够他吃饭和喝茶。他老了,已不再需要多余的东西,因此他对这样简单而轻松的生活非常满足。

有一天,一个古董商从老街经过,偶然看到老铁匠身旁的那把紫砂壶。因为那把壶古朴雅致,紫黑如墨,有清代制壶名家戴振公的风格。商人走过去,顺手端起那把壶冲着里面一看,果然,壶内有一个印章是戴振公的,商人惊喜不已。因为戴振公有捏泥成金的美誉,据说他的作品现在仅存3件,价值不菲。商人端着那把壶,非常开心,想以10万元的价格买下它。老铁匠一听价格心头一惊,然后他拒绝了,说这把壶是他爷爷留下的,他们祖孙三代打铁的时候都喝这把壶里的水。

商人走后,老铁匠有生以来第一次失眠了。这把壶他用了近60年,并且一直以为是把普普通通的壶,现在竟有人要以10万元的价钱买下它,他回不过神来。过去他躺在椅子上喝水,都是闭着眼睛把壶放在边上,现在他过一会儿总要坐起来再看一眼,他怕别人偷偷拿走,这让他自己心里非常不舒服。特别让他不能容忍的是,当人们知道他有一把价值连城的茶壶后,蜂拥而至,有的问还有没有其他的宝贝,有的开始向他借钱,更有的人晚上来敲他的门,把他的生活彻底打乱了,他不知该怎样处置这把壶。当那位商人带着20万元现金,第二次登门的时候,老铁匠再也坐不住了,他把左邻右舍全部找过来,当场把茶壶放在桌子当中,拿起一把斧头当众把紫砂壶砸了个粉碎。然后,再也没有那些纷纷扰扰了，老铁匠终于又回到了自己最简单质朴的生活。

这位老铁匠真正算得上世外高人了。不为金钱所动，不为荣华富贵而动。假如他接受了商人的建议，也许他这一生都会在担惊受怕中度过，因为他从来没有过那么多钱，除了害怕丢失，也怕被强盗侵害。同时他还要重新去面对那些在他心里已经有了固定相处模式的左邻右舍。现在好了，壶不在，烦恼也不在了，铁匠还是铁匠，还在卖锅，还是过着简单的日子，但心里比以前更宽敞、平和。

幸福就是内心的安宁与平静，幸福不是文人笔下的美妙意境，不是画家手中漂亮的风景，更不是我们看到别人风光的外表，幸福是简单，是平淡，是从容，是懂得放弃，懂得感恩，懂得知足。

"生活本身就是一条河，它需要激流，但更多的时候，它是平静向前的。"这是伟大诗人歌德说过的话。是的，越简单的生活，越能享受到生命中的幸福点滴。

简单生活并不一定是物质的匮乏，但它一定是精神的自在；简单生活也不是无所事事，但却是心灵的单纯。一个清洁工和一个公司总裁同样可以选择过简单生活，一个隐居者和一个百万富翁如果都认同简单的做法，他们同样可以更充分地汲取生活的营养，然后快乐终生。"简单"的关键是你自己的选择和内心感受。就像素食主义只是简单主义者的一种选择，但并非简单生活的实质。

简单生活不是清苦的生活，而是悠闲的生活。这个时代，不是人人都必须像梭罗一样带上一把斧子走进森林，才能获得平静安逸的感觉。简单生活其实是我们对待生活的态度，是我们是否看淡了喧嚣，是否洞穿了生活的玄机，是否了解了自己真正想要的是什么，以一种悠远而清静的心态，对待生命中的一切，把一切繁琐都省略，把一切名利都抛开，深入到最本质的生活中去，并从中体会到真正的快乐。

简单是一种全新的生活哲学。当你用一种新的视野观看生活、对待生活时，你会发现许多简单的东西才是最美的，而许多美的东西正是那些最简单的事物。而这些简单，正是幸福的源头。

要发现生活的简单之美，享受生活的简单之乐，就要改变心态，杜绝攀比、嫉妒和虚荣的心态，让心灵回归纯粹和简单。心态左右一切，我们要做心态的主人，才能不为世俗所羁绊，不被杂念所困扰，使人生变得洒脱而轻松，才能从最简单的生活中获取最多的快乐和幸福。

 6．看淡得失，人生本来有得有失

世人都知道《塞翁失马》的故事，这个故事告诉我们的，正是得与失的辩证关系。得到不一定是快乐的事情，而失去也不一定就是悲伤的。得与失的利益，在于一个人看待它们的态度。如果得到就扬扬得意，兴高采烈，失去却又愁眉苦脸，伤心失望，就是把得失看得太重，只想得而不愿失去。这种人，一生都在纠结，都在失望。因为得与失原本就是相互的。当你得到某些东西时，必然会失去另一些东西。比如，你因工作努力得到荣誉时，失去了更多的休息时间；别人努力你在休息时，你得到了安逸享乐，却失去了工作成功的机会。没有人只得不失，也不会只失不得。

放不下是一种心态，是一种狭隘的认识，是对自己的物质需要不满足。人的一生都在取舍之间不断选择，如果只取不舍，那该是怎样一种辛苦？生活中该丢的我们要果断舍去，想得到的，我们努力去争取，这才是正确的处世态度。凡事太过计较，就会错过美好，失去本该得到的一切。

1898年冬天，幽默大师继承了一个牧场。有一天，他养的一头牛，为了偷吃玉米而冲破附近一户农家的篱笆，最后被农夫杀死。依当地牧场的共同约定,农夫应该通知幽默大师说明原因,但是农夫没有这样做。幽默大师知道这件事后,非常生气,于是带着佣人一起去找农夫论理。此时,正值寒流来袭,他们走到一半,人与马车全都挂满了冰霜,两人几乎要冻僵了。好不容易抵达木屋,农夫却不在家,农夫的妻子热情地邀请他们进屋等待,幽默大师进屋取暖时,看见妇人十分憔悴,而且桌椅后还躲着五个瘦得像猴子一样的孩子。不久农夫回来了,妻子告诉他,客人是顶着狂风严寒而来的。幽默大师想开口与农夫论理,忽然又打住了,只是伸出了手。农夫完全不知道幽默大师的来意,便开心地与他握手、拥抱,并热情邀请他们共进晚餐。农夫满脸歉意地说:"不好意思,委屈你们吃这些豆子,原本有牛肉可以吃的,但是忽然刮起了风,还没有准备好。"孩子听说有牛肉吃,高兴得眼睛都发亮了。吃饭时,佣人一直等着幽默大师开口谈正事,以便处理杀牛的事,但是幽默大师看起来似乎忘记了,只见他与这家人有说有笑。饭后,天气仍然相当差,农夫一定要他们两个住下,等天气好转了再回去。于是

幽默大师与佣人在那里住了一晚。第二天早上,他们吃了一顿丰盛的早餐后,就告辞回去了,在寒流中走了这么一趟,幽默大师对此行的目的却闭口不提,在回家的路上,佣人忍不住问他,我以为你准备去为那头牛讨个公道呢?幽默大师微笑着说:"是啊,我本来是抱着这个念头去的,但是,后来我又盘算了一下,决定不再追究了,你知道吗?我并没有白白失去一头牛啊,因为,我得到了一点儿人情味,毕竟,牛在任何时候都可以获得,然而人情味,却并不容易得到。"

得与失有时候是不能用一个固定的准则来衡量的。计较得太多,反而

失去得更多。聪明的人会让失去的就永远失去，眼前拥有的不再去破坏。放下了，人也就轻松了。比如幽默大师原本是很气愤地找农夫理论，结果却只字不提，友好地住了一晚回来了。可见这位大师是聪明的。如果他一直对杀牛的事情耿耿于怀，一心与农夫计较，被杀的牛不会活过来，而与农夫的交情也就到此为止了。当我们一心想要追求的名利不如我们期望得那样高时，不要气恼，不要埋怨生活对我们不公平。重新换个角度，想想自己是不是付出的与自己想要的一样多，想要的是不是高于现实、难以企及的。

有得必有失，是客观存在的规律。世界上的任何事物都是辩证统一的，物质从来没灭，只是相互转化了。有任何获得的同时都要失去某些东西。太计较得失，是人性致命的缺点，它是我们每个人在工作、生活、事业上的绊脚石。人们也会因为过于注重得失而身心疲惫。心有多近，幸福就有多近；心有多远，幸福就有多远。幸福不是什么神秘莫测的事物，它就在日常的琐事里。用从容的心态去看待得失，看淡得失，我们就活得潇洒自在。

一个苦者对禅师说："我放不下一些事，放不下一些人。"禅师说："没有什么东西是真正放不下的。"苦者说："可我就偏偏放不下。"禅师让他拿着一个茶杯，然后就往里面倒热水，一直倒到水溢出来。苦者被烫到马上松开了手。禅师说："其实，这个世界上没有什么事是放不下的，痛了，你自然就会放下。"

攀比、嫉妒和虚荣，其实都是放不下，都是因为太看重得和失。别人拥有而我没有，心中就患得患失，就嫉妒莫名，烦恼也就由此而生。得失原本没有那么重要，重要的是人心，是我们的心态。你再完美，也会有人对你不满，也会有人对你生厌，你再不堪，也会有人真诚待你。对人不要求全，对己无须苛责，该处的人，该做的事，抱最大的希望，尽最大的努力，但要对结果做最坏的打算。用最好的心态去对待身边的人和事，不要总是沉迷于名利，总是去攀比，总是好占上风，那样劳心费神，活得太累。活得太累就是心累。莎士比亚曾诅咒过黄金，"金灿灿的黄金啊，你是人类共同的娼妇。你可以使美变丑，也可以使丑变美；你可以使错误变成正确，也可以使正确变成错误；你可以使活人变成死人，也可以使死人变成活人。为了得到这金灿灿的黄金，良家女子当娼妇，善良小伙子当强盗，我诅咒你，可恶的黄金"。这些话正是道出了过于追求财富的人的悲哀。

当你拥有某一样东西时，并不代表你是快乐幸福的，而失去也一样，有时候失去的，也许正是你该丢弃的。人生就是这样一个得失相伴而生的过程。祸兮福所倚，福兮祸所伏。数千年前古代哲人就深刻地揭示了得与失、福与祸之间的辩证关系。任何事物都具有两面性，得与失、福与祸，可以互为因果，相互转化。

28岁那年，黑人菲力斯成为全欧洲马拉松长跑冠军。为表彰他在体育上为国家做出的贡献，祖国给了他很大的荣耀。

一次，他应邀到全国最大的一处监狱作演讲，面对形形色色的罪犯，菲力斯讲了他贫穷的童年，以及他在坎坷中拼搏奋斗，自强不息，改变自己命运的经历。演讲引起极大反响，全场报以经久不息的掌声。在他结束演讲，即将走下台时，一名罪犯站起来，请他回答一个问题："在你的一生中，你最感谢的人是谁？"

菲力斯没有马上回答，而是凝眉思考。此时，提问者接连问"是你的运动教练吗？是你的父母吗？是你某个最好的朋友吗……"菲力斯不停地摇头，说"这些人我都感谢，但都不是我最感谢的人。我最感谢一个特殊的人，没有他，就没有我的今天，我真想找到他，好好谢谢他。"他是到底是谁呢？所有人都在等待着答案。

"是一个小偷，当年偷了我自行车的小偷，他是我这一生中

第五章 淡泊名利，别让欲望吞噬了自己的幸福

最应该感谢的人。"菲力斯说。全场哗然，最感谢小偷，这怎么可能呢？

在人们的惊讶中，菲力斯道出了事情的原委。那年他十三岁，正读初一。由于家里穷，他住不起校，全靠一辆破自行车，一天两次来往于相隔五公里的家与学校之间。那是一辆破得不能再破的自行车，可有一天他到校后，忘了给车上锁，车子被小偷偷走了。

家里再也无力为他买自行车，他只好跑步上学。一天十公里，三年下来，他吃了不少苦，可是，跑步先是使他成了全校长跑冠军，之后又在全市获得亚军……从此，他走向了运动生涯。他真诚地说："如果不是因为当初丢车，我绝不会有今天的荣誉"。他总觉得对不起那小偷，也许那是小偷的第一次偷盗，由于他的大意，小偷轻易得手，从此一发而不可止……"如果可能，我想好好感谢他。"菲力斯说。

台下有人笑起来，说不会那么巧，可就在此时，台下爆发出一声哭喊："我就是那个小偷。"接着，管教对那人吼着："希库莱，你搞什么花样？还嫌刑期短吗？"

菲力斯制止了管教，耐心听那个罪犯说明原因。当他听那个罪犯说，他偷的那辆自行车由三种型号的机件拼接而成，车梁有焊痕、后圈有断迹时，他默默走下台来，从胸前摘下一枚奖章，别到希库莱的胸前，希库莱羞愧地说："我不配，我不配。"

人们纷纷惊叹，这真是上帝的安排啊，失者得到最丰厚的馈赠，得者失去了最宝贵的东西。

～～～～～～～～～～～～～～～～～～～

看淡得失，就能从容一生。自古高人就明白了这些道理，所以才有那些千古诗篇流传至今。陶渊明一生仕途坎坷，他宁愿失去功名利禄，也不愿为"五斗米而折腰"，却换回了神仙般怡然自得的生活。苏轼一生也屡

次遭贬,但他仍有"一蓑烟雨任平生"的惊人之语,被贬到岭南时,他也能拥有"日啖荔枝三百颗,不辞长作岭南人"的豁达。失去的是官职,换回的是乐观向上的生活。面对失去与得到,他们仍保持一颗平常心,笑傲人生。即使失去,也无怨无悔。他们不愿在官场上争锋相斗,更愿淡泊名利。既然失去还能得到另一种更好的生活,何不把它趁早放手,换一种心态,换一种活法?

7. 珍惜所有,做一个安宁平和的女子

"一个女人最终的吸引力,来自于她懂得如何做一个真正的女人",这是一位知名女士的话。真正的女人是什么样子的?也许每个人心里都有一个答案。比如漂亮、能干、贤惠、温柔,这些都是女人应有的特征。而安宁平和的女子更是女人中的女人,她们不浮不躁,不争不抢,不显不露,在她们看来,是自己的不会跑掉,不是自己的,争来也没有用。不去计较太多,不是没有追求,而是不虚荣、不攀比、不嫉妒,不抱怨,珍惜自己的所有,不抱怨自己的没有,"宠辱不惊,看庭前花开花落;去留无意,望天上云卷云舒",人生如云淡风轻般美好。

安宁平和是一种心境,它不是天生就有的,是一个人尝尽了世态炎凉,看够了人生百态后的一种大彻大悟。安宁平和的人,不屑于计较,更不会为了满足自己的虚荣心去嫉妒他人,与他人攀比,惹自己无趣。安宁平和体现在职场的女性身上便是大气,是低调,也是沉稳。

杜小娜大学毕业后,在这家贸易公司干了三年,从一个没有

任何工作经验的青涩大学生成长为业务熟练、性格沉稳的资深员工。为了拥有更广阔的发展空间，她决定跳槽。通过网上招聘，一个实力雄厚的大公司成为了她的新东家。

  那天，杜小娜跟总经理提出辞职，并根据自己三年来细心的观察和体验，针对实际情况给公司提出了一些建议，总经理听得很认真，也很感动。一个另谋高就的人，临走之时还对公司的事务这么上心，非常可贵。杜小娜没有急于在公司里张扬自己要跳槽的事，她不想让公司的同事因此产生情绪波动。距杜小娜离职的日子越来越近了，这段日子，她每天早去晚归，就是想站好最后一班岗。根据公司的规定，辞职三个月才可以走。可由于杜小娜提前培养出了顶替自己工作的接班人，还把工作打理得井井有条，总经理便批准她提前离开。临近年终，还把她的年终奖金提前发放了。

  杜小娜的"新东家"要求她报到的时候，要带上原单位领导给出的鉴定。杜小娜原来公司的总经理听说后，非常配合，鉴定里字字句句都是真诚的褒奖。

  尽管"新东家"实力雄厚，杜小娜走的时候还是保持了低调。她不想给别人留下"小人得志"的印象，她始终信奉"做人低调，做事踏实"的原则。按照杜小娜与总经理的约定，在这个周五下午的例会上，总经理将会公布她辞职的事情，同时，让杜小娜宣读她的感谢信。

  杜小娜的辞职让大家很意外，但是，她的感谢信让每个人都感到了温暖。以至于她读感谢信的时候，好几次都被大家热烈的掌声打断。总经理对杜小娜说："如果以后干得不开心了，就回来，这里永远是你的家，没事的时候，常回来看看啊。"杜小娜连连点头，心里暖暖的。

很多职场女性在刚开始工作时，意气风发，干劲十足，但若感到自己为企业做了重大贡献却没有人重视时，或者只得到口头重视却得不到实惠的时候，她们就会愤怒、懊恼、牢骚满腹……最终决定不再那么努力，让自己的所做去匹配自己的所得。这样的女性免不了会生虚荣、嫉妒之心，会破坏内心的宁静。而懂得珍惜的女性，不会轻易动怒，也不会随便抱怨，她们只是坚定地为了明天希望得到的而努力，安宁平和，不怨不怒，人淡如菊。

平和的心态是人生的一种修养。该来的就让它来，该去的就让它去，不刻意勉强自己，学会平静地对待生活。"行至水穷处，坐看云起时。"这样的心态是源于对现实的清醒认识，是洞悉人世之后的明智与平和，是用超然的心态看待生活的苦乐，以平和的心境迎接一切挑战。拥有这样心态的女性，人生将变得更加平静和从容。

安宁平和首在内心。人人都希望过上幸福快乐的生活，而幸福快乐是一种感觉，与贫富无关，同内心相连。现实生活中，我们总是喜欢与人攀比，羡慕别人的工资比自己高，嫉妒别人比自己有出息。然而，他有他的烦恼，你有你的快乐，这样想，你的内心就会平和一些，淡定一些，就不会去计较生活中的琐屑小事。

安宁平和就是放低姿态，不嚣张，不狂妄，收敛锋芒，不骄傲自大、目中无人，不盲目攀比、嫉妒他人，也不消极地掩藏自己，对任何事情都保持沉默，而是学会在任何情况下都能认识自己，从容面对生活工作中所发生的事情。这样的女性宽容大度，不和别人作对，更不和自己较劲。不强人所难，也不斤斤计较。不羡慕别人的富贵和名利，不攀比他人的豪车和美宅，看淡金钱、地位、名誉，不理会别人异样的目光。这样就能使我们的心态平和、风轻云淡、海阔天空。

第六章

超越年龄，什么时候都不攀比、不嫉妒、不虚荣

虚荣与年龄无关，却受修养的影响。修养好的女性年纪虽小却雍容大气、优雅高贵、稳重脱俗，与攀比、嫉妒、虚荣这些庸俗的名词毫不沾边；而修养不好的女性，即便年纪再大，依然虚荣好妒、斤斤计较、恶俗不堪。所以，女性在任何时候都要不攀比、不嫉妒、不虚荣。摒除这些庸俗气，不管你年龄几何，都将是人群中最美的那一个。

1. 不攀比、不嫉妒、不虚荣的人生，与年龄无关

一般认为，攀比、嫉妒和虚荣的女性，大都是幼稚年轻的小女生，耍耍小心机，动动小脑筋，扮扮可爱。因为心智不成熟，经历的事情太少，又爱以自我为中心，很少懂得体谅他人，更不懂得世道人心，所以，好攀比、好嫉妒、好虚荣。

其实，根本不是这样。

攀比、嫉妒、虚荣与年龄没有任何关系，不攀比、不嫉妒、不虚荣同样与年龄没有任何关系。只与我们的修养有关，与我们的心态有关，与我们的处世观有关。

有的人说，我现在年轻，正是大有作为的时候，不与别人攀比，又怎么知道我怎样做才会有成就？年龄稍微大一点儿的人又说，我都这把年纪了，当然要去比一比，如果什么都不如人，那我这辈子活得还有什么意思？可见对于爱攀比、爱嫉妒、爱虚荣的女性来说，年龄从来就不是问题。

其实那些爱攀比、嫉妒和虚荣的人无论在哪个年龄段都是不容易控制

自己欲望的人。上学时，嫉妒别人比自己成绩好；成年后，嫉妒别人比自己漂亮，一门心思要把别人比下去；到年龄大了，终于觉得没必要去比那些的时候，偏偏身边又有比自己工作能力强，运气比自己好的人让自己不顺眼、不甘心，于是又一个劲儿地与对方较量，大有不是你死就是我活的架势。比来比去，丢了时间，浪费了精力，换来的不是别人的冷嘲热讽，就是工作上的一再失误。领导找谈话，同事

第六章 超越年龄，什么时候都不攀比、不嫉妒、不虚荣

远离，到最后，自尊心严重受创，一事无成。

小方是一个民营小企业的员工，虽然工资在这小城里不算太低，但也算不上高，最让小方自己郁闷的是工作特别辛苦，有时候跑一天业务下来，腿都软了却一个单也签不到。压力大，业绩平平，这样的状况让小方无暇顾及自己已经年近三十还没有男朋友的事实。也许是自己没有留心，也许是自己从来没有顾及到个人的事情，反正没遇到像朋友小玉的男朋友那样优秀的人。小玉与自己同出一个学校，专业也是一样，但小玉不仅工作很稳定——目前是一家国企的部门经理，工资比自己高出许多，听说男朋友还是高富帅，家庭背景很不一般。一想到这些，小方心里就难受，就觉得上天不公平。最近听说小玉因为工作出色，上司又要为她加薪了。那天一接到小玉报喜的电话，小方就怒了，在电话里大声吼叫："不就是加薪吗？值得这样向我炫耀吗？"搞得好心情的小玉莫名其妙，于是两位好朋友的关系一下子淡了许多。在小方看来，无论是长相、业务能力，小玉都远远赶不上自己，可为什么每次遇到好事情的都是她而不是自己？小方越来越迷茫了。

女性一生最悲哀的事情不是没有大富大贵，没有钓得金龟婿，也不是没有美貌和才气，而是在庸俗中浪费了一生的好时光，不曾奋斗，不曾努力，不曾为自己留下刻骨铭心的回忆。

一位作家曾在书中写道：

6岁的你喜欢谈论其他小朋友在玩什么玩具；

16岁的你时刻注意身旁同学考试分数的运行轨迹；

26岁的你聚会时不忘追问好友混得多牛；

36岁的你抱怨儿女怎么就没别人家孩子有出息；

46岁的你渴望天下人知道你老公的事业如意；

56岁的你为了所谓的脸面跟邻里吵嘴斗气；

66岁的你歪着嘴巴入土，留给子孙后人一声扼腕叹息……

你这一生没忙别的，所有的精力都投入到了跟一切生活里的假想敌们，比来比去。

看起来好悲哀的一生，但却是很多女性最真实的一生！从小到大，从生到死，一直挣扎于攀比、抱怨、嫉妒和虚荣之中，自己就是不肯努力！最终在攀比和虚荣中把自己仅有的幸福也输了进去。

小静是个喜欢攀比的女人，看到邻居家的丈夫给妻子买个了钻戒，就嚷着让丈夫给她买一个。考虑到刚结婚，经济还不那么宽裕，丈夫说等条件好点再买，可小静不依不饶，逼得丈夫没办法，只好跟同事借了钱给她买了钻戒。

邻居家的小孩上了重点小学，小静赶忙跟丈夫商量把孩子也送到重点学校去，丈夫心想孩子学习成绩并不好，要是转到重点小学学习会跟不上，于是不愿答应小静的要求。这样可把小静惹恼了，大骂丈夫没头脑，耽误了孩子的前程。搞得丈夫很头疼，一方面觉得自己没准真的会毁了孩子前程，另一方面又觉得自己的做法是对的。

没过多久，邻居家新买了一套大房子，小静知道后，催促丈夫向亲戚朋友借钱，也想去买一套。丈夫彻底火了，这种无止境的攀比让他觉得日子没法安心过，最后不得已，与小静提出离婚。当小静听到丈夫提出离婚时，眼瞪得大大的，莫名其妙地望着对自己一向顺从的丈夫，她不知道自己犯了什么严重的错误竟然让丈夫有离婚的想法。

第六章
超越年龄，什么时候都不攀比、不嫉妒、不虚荣

当她知道丈夫要求离婚的原因时，才明白这些年自己的攀比和虚荣深深伤害了丈夫的自尊心，同时也让夫妻间的感情越来越淡，真是追悔莫及。

只知道攀比的虚荣女性是可悲的。不管在什么样的年龄，都要远离攀比、嫉妒和虚荣，用一颗平和的心来看待拥有的一切，用一颗努力的心来追求没有的一切，脚踏实地，踏实努力，我们才会得到自己想要的一切，而不是为了自己的虚荣心做出荒谬的事情。无论你是年轻还是年长，都该这样。

攀比与不攀比、嫉妒与不嫉妒和年龄无关。女人在哪个年龄段都是美丽的，都是精彩的，只看你怎么去经营自己的岁月。20岁，无视别人比你灿烂，只装扮自己的美丽，用心升值自己，为明天作准备，你就是最美的；30岁，不屑别人的衣着华丽，只为自己的生活而努力，一心一意经营生活，你就是最光鲜的；40岁，无视别人的搔首弄姿，哗众取宠，静静绽放成熟的自己，你就是群星中最亮的那颗；50岁，无视别人的雍容华贵，只守住自己平淡而安宁的岁月，你就是最大气的女王……年龄从来不会阻挠一个人的脚步，哪怕你已步履蹒跚，心还可以在远方。不嫉妒、不攀比、不虚荣，这样的女性在任何年龄都优雅、美丽。

2. 二十几岁，勇敢进取"升值"自己

女孩到了二十几岁后，就是一朵盛开得最美丽的花。二十多岁，正是女性一生中最灿烂、最美好的年华，也正是奠定一个人一生生活基础的关键时期。二十多岁，大学刚毕业，刚刚进入职场，进入社会，一切都是新

鲜的样子，而且爱情正隆，婚姻将临，对于女性来说，这是最美好、最有活力、最充满无限可能的时候。因为女性这时候做的一切，都在打基础，都在为未来的自己努力。所以，这个时候的女性，当以"升值"自己为主，千万别让自己走入进穿衣打扮、攀比嫉妒的世俗老路。

美凡曾在某市级医院当护士，每天工作平淡寡味，还很辛苦，她一点都不想再做下去，心生辞职之意。一直以来，她就知道自己根本不适合当一名护士，之所以上大学读护理专业，也是父母的意思，他们认为女孩子有一个普通的职业就行了，不用去想做多大的事业，不现实也不可能。现在想想护士工作真的很不适合自己。真正让自己喜欢的，是学习财务管理方面的专业知识。于是美凡利用业余时间，开始自学会计、财务管理方面的知识，取得了会计从业资格证之后，便毅然辞职，离开了医院，在一家小企业里做基础的财务工作。后来，花了三年时间，美凡考上了注册会计师，很快就进到一家大型快消连锁企业做会计。如今，她的目标是坐上财务总监的位子，未来正向她展开一幅美好的画卷。

中国传统思想是"女子无才便是德"，以至于传统女性除了穿衣打扮、结婚嫁人，几乎没有什么人生追求。即便是现代女性，依然有很多人受到传统思想的影响，认为只要大学毕业后有一份工作养活自己，就可以了，接下来结婚生子，人生就很完美。何必追求那么多？于是把很多光阴浪费在了打扮和攀比上，用在了如何钓到一个如意郎君上，竟忘了给自己充电，为自己升值。可能当时不会觉得有什么不妥，但在不久的将来，看到同龄人在事业上收获良多时，定会后悔。

女性到了二十几岁后，一定要学会用心经营自己，从内到外提升自己，自己才会越来越有价值。

如何升值自己？首先我们要有一个明确的目标，问问自己，我想过什么样的生活？是每天混日子，拿着不高的薪水但轻松又好玩，还是哪怕吃苦受累也要打拼一片天地？方向不明确，永远走不正路线。有了明确的方向，自己才能朝那个目标前进。我们要从下面这些方面，一点一点做起。

(1) 提升自己的品位

不论是外表还是内涵，女性的品位直接决定她的气质。品位不是时尚，也不是豪华奢侈，品位是对生活的态度，包括仪表仪态的修炼，穿衣打扮的品位，话说做事的风度，待人接物的礼仪等。这些方面都需要女性用心学习，不断提升，让自己越来越优秀。平常可以多看看时尚杂志，提升对服饰等的品味。

年轻的女性，仅有内秀是不行的，外在美同样重要，二十多岁，不妨多花一些时间修饰和保养自己，学一学化妆，让自己更美。不能因为有了美貌就可以陷入自满中，有着美丽的外表又有着智慧的内在的女性才是优秀的，千万不要因为自己年轻时的美貌而让自己丧失进取心。

(2) 养成看书的习惯

书是智慧的源头，是一个人优雅的谈吐和内心修养的重要来源。爱读书、爱思考的女性，是智慧而优雅的。喜欢看书的女孩一定是沉静且有着很好的心态。喜欢看书的女孩一定是文思敏捷、优雅知性的女人。认真地阅读，可以让心情平静，而且书籍里蕴藏着乐趣。当遇到一本自己感兴趣的书时，心情是愉悦的，因为每一本书里都有智慧，阅读过的书籍都会是女孩社交中的资本。选择了合适的书，它能够教会人很多哲理，会让人学会以一种平和的心态去迎接生活。所以认真地挑选几本可以提升自己的书籍，就是选择了一位优秀的辅导老师。

(3) 结交几位有思想、有深度的朋友

女性要学会从现在开始为自己积累人脉，要学会选择加入对你有益的朋友圈，并尽可能多交一些积极乐观的朋友，他们会对你产生正面的影响。

(4) 远离泡沫偶像剧

女孩到了二十多岁后,就要开始远离那些偶像剧了,电视里的白马王子与灰姑娘都是生活里的男孩或女孩向往的,但他们并不是真的存在。二十多岁的女性不应该再沉溺于这种童话氛围里了,有时间多看一些能够帮助自己的节目。

(5) 好好工作

工作是我们的立身之本,也是以后我们得以发展的基础。所以不管现在做的是什么工作,都要好好努力。当然,最理想的是找到一份自己喜欢又有前途的工作。有时候这两点并不能统一,但也要认真努力地去做好。要知道良好的工作态度至关重要。

(6) 不断充电

离开了学校也不要忘记学习。学习是终生的事业,不论是自己的爱好还是自己的专业,都应当不断充电,不断提升,千万别让自己的知识变陈旧。

(7) 学会忍耐与宽容

任性、自私、嫉妒、攀比……这些负面的心理该收敛了,二十几岁的女孩大多已经步入职场,这时就应该学会控制自己的情绪,在工作中,不要为上面提到的负面心理所控制。不要让人觉得你不成熟,更不要因为耍脾气被指责为没有教养的女人,要克制自己的情绪,保持随和。声嘶力竭地与别人争论并不能赢得所谓的自尊,反而会让你丢掉自尊。宽容他人的冒犯或是不友好,给他们善意的微笑,在适当的时候让一步,不仅可以体现出你的涵养,也会让你更加成熟。

(8) 认真恋爱,找到真正的伴侣

在很大程度上,女性找到合适的伴侣比找到热爱的工作更能决定一生的幸福。二十多岁,正是恋爱季,女性要慎重选择擦亮眼睛,找到真爱,

这将是你一生幸福最重要的基础。二十几岁的女孩是最美的,可以肆意地笑,可以倔强地哭。二十几岁的女孩不要怕输,青春才刚刚开始。二十几岁的女孩要做最真的自己,最美的年华绽放灿烂的微笑,要敢爱敢恨,敢于追求。

可以吃苦,可以受累,也可以容许自己走弯路,哪怕是跌倒也无所谓,要能很快从泥泞中站起来,重新找到前进的方向,如此,便可以在这一路的辛苦中得到最宝贵的经验与知识,从而升值自己,让自己成为佼佼者。

 ## 3. 三十几岁,让目光看向更高处

古话说:"三十而立。"意思是三十岁的人应该能依靠自己的本领独立承担责任,并确定人生目标与发展方向。对三十岁的女性来说,如果还没有确定目标与方向,还看不到自己该怎么走,那往后的人生便会更加坎坷了。要想赢得人生中最美好的东西,我们就要把眼光放得更长远,站在高处,看向更远的地方。在人生这场战役打响之前,如果你没有制定好一个战略,那么成功的可能性微乎其微。事实证明,只有那些拥有前瞻性眼光的人才能成为握有真理的少数人,才能成为把握趋势的先驱。职场也是一样,只有眼光看得远,并为之努力的人才会取得成功。

当年北京阜成门外的万通市场由于定位不准,开业不久就歇业了。经过重新定位以后,万通改成了批发市场,但在刚开始的时候依旧无人问津。这时候,有一位名叫陈海珍的女子看中了这个交通十分便利、当下正在歇业的万通市场。

陈海珍当时刚刚从单位离职出来,手里并没有多少钱,但她认为，交通如此便利的阜成门有这么大的市场，肯定会有很大的升值潜力，一定能够让自己大显身手。而恰逢此时，万通市场原先的摊主正在以极低的价位出售摊位，到处贴着招租、转让的字眼。尽管陈海珍并没做过什么大生意，但是她下定了决心，回老家以高利贷的形式借了二十几万块钱，迅速以极低的价格收购了十几个位置非常好的摊位。

面对旁人的不解，陈海珍一声不吭，她在用高利贷借来的钱通吃了十几个摊位后，马上进行了业态调整和规划。她知道，现在是最苦最困难的时候，只要能够坚持住，那么就一定能获得成功。眼光是需要经过时间证明和耐力考验的，是需要通过实践检验出来的。正如她所料，不久以后，形势发生了变化。万通市场在改成批发市场以后，生意开始变得非常好，原来那些没人要的摊位一下子又成了抢手货，等再来一批商户时，摊位早已被抢购一空了。由于有超前的眼光，陈海珍早已把十几个摊位装修布置完毕。因为这些摊位占据着位置优势，升值很快，许多人都争着来和她谈判，想要租赁这些摊位。

陈海珍最后除了留下四个摊位自己经营外，其他十来个摊位早已租赁出去。每年仅靠上涨的摊位租金，她就可以稳赚一大笔钱，而且她自己摊位的生意也越做越大。在回忆起当年的情景时，陈海珍说，当时借的二十几万块钱是一笔很大的数目，而且还付高利息，我是冒了风险的。我的成功除了胆大外，全靠自己的眼光，再加上有把冷板凳坐热的毅力。有些人的眼光能看到前面两步三步，有些人只看到眼前，就变成了鼠目寸光。

有谁能预知到十几年前一个无人问津、急于出手的摊位如今已升值到几百万元？有谁能预知到摊位的租金年年看涨呢？所以说，做什么事情，眼光是关键。看得更远，首先就是一种胜利。如果像那些最开始的商贩一

第六章
超越年龄，什么时候都不攀比、不嫉妒、不虚荣

样，只看到了眼前那一点利益的得失，那么陈海珍不可能获得如此大的成就。

人生从来就没有固定的路线，决定你能够走多远的并不是年龄，而是眼光与努力程度。三十几岁，是人生的一个大的转折点。经过了二十几岁时的磨炼，虽然不如四十几岁阅历丰富，但世间冷暖、道路崎岖也都已经尝试过。三十几岁，既有了成熟，又有了遇到困难的经验与信心，如果加上与众不同的眼光，你就一定会成为站得最高的那个人。无论是身在职场，还是求职者，公司看一个人的发展前景与可塑性，不仅看他的能力，还看他的眼光。一个目光短浅的人难有大成就。

眼光不同，生活的道路不同，走出来的结果更不相同。三十岁之前的人，最容易犯的错误就是只看眼前，"一叶蔽目，不见泰山"，但如果到了三十岁，你还是用这种眼光看事物，那么，你的前途也就只会停留于现状，不会有太多改观。一个人是做长远的规划还是只做短期的打算，是会影响一生的发展的。有长远眼光的人，不会对自己的规划缩手缩脚，他们会为自己看准的目标而努力，他们会有十足的自信，相信一定能够实现目标，不会畏惧前进路上的困难与阻挠，坚信方法总比困难多。

有人这样说："如果你一直向上看，就会觉得自己一直在下面；如果你一直向下看，就会觉得自己一直在上面。目光决定不了位置，但位置却永远因为目光而不同。"不同的人处在同一个位置上，目光也会不一样。往哪走，怎么走，决定于你的眼光，眼光看得远，自然走得远，眼光看得近，也就只能始终在一处徘徊。

三十几岁，对女人来说好像是一个顿号，之前东奔西走的人生，到了这里有一种尘埃落定的感觉。三十几岁了，有些事情再也不必去斤斤计较了，比如容貌、自身的某种缺陷、别人对自己的评价。三十几岁有些事情

要更在乎了，比如家庭、自己的工作能力、工作业绩。三十几岁有些事情不能再等了，比如人生的计划、前进的目标。三十几岁，要摆脱那些孩子气，扔掉不现实的幻想，把目光从攀比、嫉妒和虚荣这些负能量的东西上移开，看向自己的未来，看到四十岁，五十岁甚至八十岁时青春已经不在、头发斑白却依然自信而美丽的自己。

 4. 四十几岁，修养淡定从容的内心

"女人四十一枝花"，意思并不是说女人到了四十岁的时候才美丽如花，而是说女人到了四十岁，一切都走向完美。事业、家庭都很稳定，个人修养也达到了一定的高度，更加成熟和优雅。

四十岁的女人不会再去追求一些虚幻表面的东西，她们努力工作，但并不是为了名利，工作是她们生活中不可缺少的一部分，家庭同样是她们经营的重点。四十岁的女人，不会让家庭和工作的天平严重倾向哪一边，她们会把握好平衡度，让自己过着安宁平和的日子。四十岁女人眼里的幸福不再是奢华和攀比，而是简单平凡。四十岁的女人是从容淡定的，她们笑看人生的起起落落，接受风风雨雨，无怨无悔。面对困难她们不会止步，面对荣誉她们不会炫耀，一切都是人生路上的小花絮，淡定从容，不急不躁，她们是生活中的强者，是最具人格魅力的美丽女人。

四十岁的女人，如一杯清茶，淡淡的，不张扬，却深受人爱。她们远离名利的角逐，寻求心底里那份最初的纯净与平和。一个淡定的女人，一定是智慧的女人。她眼睛里的人生和社会，添了几分美好，多了几分爱心。她深知得与失、取与舍都是生活里固有的内容。她理解了执著是生命的需要，随缘才有人生的满足。

第六章
超越年龄,什么时候都不攀比、不嫉妒、不虚荣

◇◇◇◇◇◇◇◇◇◇◇◇◇◇◇◇◇◇◇◇◇◇◇◇

小倩原来工作的公司倒闭后,她来到一家新公司上班。工作一段时间后,她发现专门负责活动策划的主管许姐对她有点看不上眼。原因可能是她们年龄相仿,有许多许姐一个人独占鳌头的事情现在要由两个人平分,可能让许姐心中不快。有一次,一个活动策划方案要最后定稿,大家都聚在一起讨论方案,看还有哪些地方需要修改。小倩发现其中一个环节有点小问题,便说:"这个活动由商家赞助,是不是安排他们先露面?"别人还没有说话,许姐就不高兴了。她带着些许强硬说:"一直以来,活动都是这么做的,没有出现过什么问题。这样的活动我负责得多了,对于这些方案你懂多少?"

许姐的话很不客气,小倩觉得很委屈,她想许姐是策划部的主管,工作时间长,经验多,自己虽然不是职业新人,但毕竟到这个公司的时间不久,也许许姐自有她的方法。于是也就不再多嘴。事情过了也就算了,小倩并没放在心上。可是过了一段时间,这个方案没有通过,原因是赞助商觉得没有让他们先露面而拒绝了这次活动。整个部门的员工都清楚,是许姐阻止了小倩的提议而让这次活动策划泡了汤。同事们纷纷给小倩出主意,让她"出一口气",可小倩还是一如既往地做着自己的事情,装作什么都不知道。倒是许姐,每每看到小倩觉得有些不好意思,但看见小倩装作糊涂,也就不说出来。一来二去,渐渐对小倩态度有了改变。

◇◇◇◇◇◇◇◇◇◇◇◇◇◇◇◇◇◇◇◇◇◇◇◇

淡定的女人总是在任何时候都表现得大度,不去计较,不去争辩,做好自己的工作,平衡自己的内心。从容淡定的女人总是微笑着面对生活中的不快、面对环境中的不如意。她们不会为日常琐事而计较,不为生活的压力而焦虑,不为儿女情长的善变而烦恼忧郁。不开心时,给自己一个拥

抱，告诉自己一切都会过去，太阳明天总会升起，日子只会越来越好；高兴时，找几个好友，谈笑风生，让笑意不断荡漾。

◇◇◇◇◇◇◇◇◇◇◇◇◇◇◇◇◇◇◇

王玲有个很知名的企业家好友，也是她当年的高中同桌。

王玲总是笑着谈起当年和她同桌之间的较量。她们俩都很优秀，从学习成绩到毕业后找工作再到各自追求人生目标，无一不是在较量，只是后来走的道路不太相同。那个年代，无论学业还是就业，机会资源都很稀缺，竞争自然更加激烈。后来，两人都顺利考上名校。王玲毕业后当了大学老师，现在已是副教授，做自己喜欢的学术研究，虽不是大富大贵，但日子过得从容而快乐，经济无忧，有房有车，标准的小康家庭。丈夫疼爱，儿女孝顺，有空的时候就和家人一起旅游散心，或者就近找个地方喝茶、聚餐，健康积极，日子过得顺心而知足。

王玲的同桌选择了在制造业领域里创业，目前的公司规模很大，资金实力也很雄厚，她已经是业内知名的女企业家了。终日忙碌再也停不下前行的脚步。

王玲说二十年后回头再看，当年的较量只是一场笑话。总有些人会因为各种际遇走上高峰，而绝大多数的我们，只能在平路行走。过好自己的每一天，何必把目光放在别人身上盯着不放呢？人最大的成熟是接受自己的现状，做适合自己的事情，并能自得其乐。

王玲这些年安心于自己的人生，过的那种安逸小日子是许多人一辈子也求不来的。

◇◇◇◇◇◇◇◇◇◇◇◇◇◇◇◇◇◇◇

淡定的女人不苛求，也不盲从，从容地享受着内心的宁静。她总是有条不紊，而且尽心尽力地做着自己喜欢的事情。淡定的女人是一个真正成熟的人，她不允许自己荒废度日、浑浑噩噩、自暴自弃，也不允许自己再像四十岁以前那样以容貌为先。淡定的女人四十岁,花开正旺,一切刚刚好。

淡定从容的内心,让女人越来越优雅,让生活越来越美好。

(1) 摒弃老气的打扮

中年女人往往会喜欢穿着一些比自己实际年龄大许多的衣服,结果让自己显得老气横秋,掩盖了四十岁女人该有的风韵。优雅的女性不妨从穿衣打扮上着手,让得体、大方又亮丽的衣着完美地体现出你的气质。

(2) 坚持适度的保养

随着年纪渐大,自然的衰老不可避免。我们不必为此烦忧,可以适度保养,以保持良好的状态。就像时尚界的一句名言"保养了是老样子,不保养则是样子老",适度保养还是必要的。平时可以在家里进行基础保养。适度的保养可以让肌肤保持健康弹性,延迟衰老,可以让自己对容貌有足够的自信,在与别人交往时透出成熟的魅力。

(3) 散发成熟的风韵

心智成熟是四十岁女性的基本特征,如何让自己能够自然而然地散发出成熟风韵呢?得体的服装、淡定的眼神、微笑的神态、个性的表达,科学的饮食起居,严格控制自己的体重,保持好身材,调整心态使之平和,深厚的涵养就会在举手投足间自然流露。

(4) 涵养高雅的气质

气质是随着内涵的增加而加深的,气质并不是装腔作势就可以表现出来的。只有加强学习,提高个人的文化水平和对社会事物的欣赏水平,才可能涵养出四十多岁女性该有的高贵气质。

(5) 使用得体的语言

不要发嗲装嫩,在社交活动中不说那些幼稚的语言。自己要表达的内容,要深思熟虑之后再表述意见。如果对别人所说的事情自己不是很了解,最好的办法就是保持沉默。说话前一定要三思,说话的语气一定要平和,用词一定要恰当,不要乱用成语或形容词。有些场合考验的是应变能力,千万不要不懂装懂。

(6) 保持平和的心态

岁月一般很难摧残保持平和心态的女人,可以让女人保持年轻容貌的良方便是摒弃自己急躁的性格,从容面对每一天的生活。

(7) 体现良好的修养

要有自己的时间,不应整天围着丈夫孩子转,不应每天忙碌于家务劳动,而是应该多抽时间学习新鲜知识,多与社会接触,保持良好的个人修养。

(8) 收好自己的脾气

四十多岁的女性一定要记得收敛自己的脾气,让孩子感受到尊重,让丈夫感受到温柔与呵护,让父母感受到天伦之乐。这是给自己家庭最大的温暖。而要做到这一点女性首先要做的就是收敛自己的脾气。

优雅而淡定的女人是从容而内心宽大的。她们有稳定的事业,不为炫耀,不为争抢,爱自己的工作,愿意为之努力,只为实现自我价值。四十岁的女人,心智更成熟,形象更优雅,行动更从容。

5. 五十几岁,看透本质,自在生活

生活的本质是什么?就是回归自然,让一切变得简单。生活就是一个人一生的行程,就是一份责任,就是用心去维护生命中每一点美好。从生

到死，每个人都经历一个不同的悲哀人生。有的人一生喜多愁少，有的人则一生坎坷风雨，少有欢笑。倒不是喜多愁少的人就没有经历风雨，也不是那些愁苦一生的人生活中就从来没有出现过快乐，只是心境不同，对人生的看法不同，所以表现出来的状态也不相同。

五十岁，知天命的年龄。"知天命"不是听天由命、无所作为，而是谋事在人，成事在天，努力作为但不企求结果。所以，"五十而知天命"，是说五十岁之后，知道了理想实现之艰难，故而做事情不再追求结果。五十岁之前，全力以赴希望有所成就，而五十岁之后，虽然仍是"发愤忘食""乐以忘忧"，但对个人荣辱已经淡然，对名利更是不屑于心。

女人到了五十岁，由于年龄的原因，生理上也会有一系列变化。这时，心态就比什么都重要了。有什么样的心态，决定你拥有什么样的人生。五十岁，再不是经得起随意折腾的年龄，也不是无担一身轻的年龄。五十岁，上有老下有小，而自己也开始步入工作疲劳的阶段，年轻气盛时许多看不习惯的东西需要开始慢慢学会接受，不服输、不达目的不罢休的性格也不再适合五十岁的女人。而经过几十年岁月的洗礼，五十岁的女人不再想要更高职场的定位，不再希望身边的人都对自己赞赏有加，这时她们需要的，是健康，是工作的稳定，家庭的和谐。

曾经愿意舍命追求的一切名利，在五十岁的女人心里已经远远不及自己的健康重要，曾经想拼命挤兑的对手这时候很愿意握手言欢，没必要再去攀比，没必要再为自己的虚荣而遮遮掩掩。大富大贵又如何，平淡清贫又如何？到最后都是慢慢老去，这才是生活的本质，这才是生活最终的归宿。与其让岁月磕磕碰碰，还不如自由自在，轻松把握。

有一本书叫《放过自己》，书中有一句话"忘掉自己的欲望，才能放慢前进的脚步"。欲望太高，想要得到的太多，就只能匆匆又匆匆，忙着寻找那些能填满内心的物质。可是欲望始终填不满，因为只有精神丰盈才能让一个人的灵魂安静下来，追逐物质和利益的人永远都无法让自己归于宁静。五十岁，看透了这些，生活就会变得轻松愉快，日子就会像雨后彩虹般灿烂。五十岁，并不是说到了不用努力，不用上进的年龄，只是不再追求努力后的结果，不再为自己付出与回报之间是否平衡来决定自己的去留。

一只小老鼠认为自己很渺小，总是自卑地羡慕别人。它看到放射着万丈光芒的太阳，便由衷地赞美太阳的伟大。太阳说："乌云出来，你就看不见我了。"一会儿，乌云出来遮住了太阳。小老鼠又赞美乌云的伟大，乌云说："风一来你就明白谁最伟大了。"一阵狂风吹过，云消雾散。小老鼠又情不自禁地赞美风的伟大，风却说："你看前面那堵墙，我都吹不过呀！"小老鼠爬到墙边十分景仰地赞美墙是世界上最伟大的。墙说："你却能站在我的肩头，你自己才是最伟大的！"

凡事太计较或者太看重得失，就会比他人累，就会看不到阳光，看不到自己的优势。50岁，有些事，不再计较，并不是看不见，不明白，只是觉得没必要；有些话，并不是听不见，一笑而过是因为不值得针锋相对。做自己想做的事，为自己愿意努力去做的事情而努力，抛开世俗与烦恼，活出真我，这才是50岁女人最美的心境，最美的日子。

一位美国记者看见一个老太太在卖柠檬，5美分一个。老太太的生意显然不太好，一上午也没卖出去几个。这位记者动了恻隐之心，打算把老太太的柠檬全部买下来，以便使她高高兴兴地早些回家。

当他把自己的想法告诉老太太的时候，她的话让记者大吃一惊："都卖给你？那我下午卖什么？"

工作并不是为了赚更多的钱，也不是为了下一餐吃什么，而是如果不工作，那我该做什么？这是五十岁时和二十岁时的区别。二十岁，不工作会被嘲笑，会被视为"啃老"，会丧失斗志。可五十岁呢，工作的目的只是为了愿意，为了实现自我，为了让自己有更多的进步。至于薪水、名利和晋升都不在考虑范围内了。追求太多、想要的太多，心会累。"只要工作着，我就是快乐的。不管以后怎么样，不管别人怎么看我，我的目的只有一个，那就是好好工作。不管在哪个岗位，我都要做到最好，这样自己才会满意，也才会有快乐。"为了让自己满意，这是努力工作的理由，而这个理由足以让自己在职场这个舞台大展身手，因为不用顾及别人的眼光，不用考虑薪水是否合适，也不用考虑能不能得到重用和提升。工作就好，努力就好，心安就好。

有一个朋友坐船去英国，途中忽然碰到狂风暴雨的袭击，船上的人都惊慌失措，朋友却看到一位老太太非常镇静地在祷告，眼神显得十分安详。风浪过后，朋友十分好奇地问老太太，为什么一点儿都不害怕。老太太说："我有两个女儿，大女儿戴安娜已经往天堂去了，小女儿玛丽亚就在英国。刚才风浪来的时候，我就向上帝祷告，假如我去往天堂，我就去看我的大女儿戴安娜，假如我还活着，留在船上，我就去往英国，看望我的小女儿玛丽亚。不管我去到哪儿，我都可以和心爱的女儿住在一起，我还有什么害怕的呢？"

经历了磨难和沧桑后的大气和胸襟才会让人处变不惊。五十岁，从风雨里一路走来，真正明白什么是平常心，才能做到平常心。花开无声，香气自在。简单、从容、自在、和谐，这是五十岁女人的天地，也是看透人生后的优雅。

6. 六十几岁，从容接受岁月的馈赠

孔子说："六十而耳顺，七十而从心所欲，不逾矩。"意思是，人到六十岁以后，思想和行为才更符合客观规律，得心应手、成熟老练，才能真正感悟人生的真谛。也就是说，人到六十岁，就懂得什么重要，什么不重要，该放下什么，该珍惜什么。六十岁，算是人生前半生的终点，六十岁以后，人们过的是另一种生活，无论是生活方式还是生活习惯都会有一个大的改变。有人说人生就是一个单程旅行，就是一个生死过程，就是一个从无知到有知再到无知的过程，一路向终点奔跑，到了终点却已是万事不知。

六十岁，人生的岁月已经过去了一大半，许多东西虽然看不透，但是已经看得淡了。六十岁，已经不再像年轻时那般冲动，那般要强，那般有拼劲，安静下来，过好自己的下半生就好。有人说六十岁，是人生的又一个起点，或者说六十岁才真正是自己生命历程的开始。因为六十岁，我们可以放下手头的工作，不用再去为生计而奔波，也不用为儿女牵肠挂肚，这时，我们只要做个快乐健康的自由人，做个从容幸福的老人。

六十多岁，女性大多该从自己从事多年的岗位上退下来，开始享受生活了。回头望去，生活曲曲弯弯，哭过笑过，爱过痛过，努力过，收获过，得到过，失去过……不管怎么样，一切都过去了，现在的自己，淡定从容，豁达大度，不管好的坏的、苦还是甜、辛苦还轻松，都是上天赐给我们体验人生的机会。把过去的精彩留在记忆里，把过去的遗憾扔到脑后，不管生活馈赠给我们的是什么，到这个时候，一切都能坦然笑对，安然接受。

这个年龄段对于女性来说，拼搏和进取已经不是生命中最重要的事情，享受生活、保养身体、安享天伦之乐，才是最重要的。所以要多培养健康的生活习惯，保持美丽和优雅。这些好习惯包括以下内容。

（1）早睡早起

早晨六七点就起床。这样不仅精神状态极好，还比睡懒觉的人多出几个小时的有效时间。女性六十岁后，早起时间可以散步、唱歌、运动，也可以去早市买买菜、到公园遛遛弯，然后活力满满地开始新的一天。

（2）坚持运动

运动有助于排汗、排毒，保持身材，保持健康，保持活力，保持愉悦！女人六十岁后，要坚持运动，提高新陈代谢速度，保持身材的同时，也保持身体健康，充满活力。

（3）护理皮肤

优雅的女人不管是六十岁，还是八十岁，都应该非常注重皮肤护理，不要轻易让岁月斑驳了脸庞。女人六十岁后，皮肤护理并不难，脸部按摩，改善脸部循环，让皮肤保持稳定状态。眼部按摩，提拉眼部肌肤，将鱼尾纹扼杀在摇篮里。

（4）亲自下厨

女人六十岁后，不仅要会做饭，更要会煲汤，因为汤水养人，常喝汤的女人皮肤格外有光泽。还要会做美味的素菜，每周抽一天只吃素，为身体排毒。为了自己和家人的健康，不妨学些健康营养知识，挑些新鲜健康的食材，亲自下厨，为家人做一些健康营养餐。

（5）定期整理衣柜

女人六十岁后，不要进中老年时装店买灰黑白或者大红大花的衣服，也不要因为打折而买很多质量差的衣服，而是应该买一些百搭、舒适、耐穿的衣服填充自己的衣柜，穿出个人风格，彰显品位，会更优雅。

还记得《上海的金枝玉叶》中那个一生优雅的女子吗？她出身大富之家，拥有出众的美貌和渊博的学识。这样的女人似乎生来就是被尊崇的公主，却因为世道变迁而家道中落，历经婚姻的背叛，生活的赤贫，一个高高在上的公主沦落为最低微的平民。可她却从不抱怨，始终保持着洁净的外表，过有尊严的生活，直到她走完九十年的人生岁月。这是骨子里的高贵，是不会被岁月侵蚀的美好。

衣柜不仅要整齐，要定时清理不需要的衣服，还需要有漂亮的衣服。陈旧的、过时的衣服及早清理出去，让衣柜清爽整洁。女人六十岁后，也要像十七八岁的姑娘一样爱美，添置一些配饰，把自己装扮得精致漂亮！

(6) 培养爱好

女人六十岁后，要让爱好成为自己的闪光点，享受其中的乐趣。通过爱好结交到志同道合的朋友，让自己的老年生活既充实又精彩。

(7) 定期旅行

女人不要因为年龄的增长就没了好奇心，相反，她们更应该趁着自己还能走、能吃、能玩，去国内外旅旅游，看看世界，增长见识，拓宽眼界。女人六十岁以后，有点时间，有点积蓄，为何不定期给自己安排旅行，出去走走转转呢？！

上天总是公平的。虽然从年轻到年老，这一路上我们曾失去了不少渴望得到的东西，但失去的同时也得到了很多。无论得到什么，都是上天的馈赠，我们应当欣然接受。不与他人攀比，不计较生活中的得失，过好自己的生活，这才是六十岁的人应该做的。即使房子不如别人的大，钱没别人多，但心态一定要好，健康一定不能少。培养好的习惯，让身体健康，心理健康，让六十岁以后的生活过得更灿烂。

第七章

升华气质，
让心灵的优雅和高贵打败庸俗和浅薄

> 女人的优雅和高贵来自灵魂，与身份、地位、金钱和成就无关，也与相貌无关。来自心灵的优雅和高贵是学不来打不败的。那些庸俗和浅薄却又力求高贵的女人在优雅面前只是一种笑话，真正的高贵是不张扬不显露却有强大的气场，让人心生喜爱。

1. 真正的高贵，来自心灵的优雅

高贵不是与生俱来的，高贵来自于心灵的优雅，来自于一个人的修养，来自于一个人长久以来的习惯。高贵是一种自然流露的气质，高贵是装不来，学不像的。有的人以为穿着一身时装、挎着一款名牌包、戴着名牌手表就足以显示自己的高贵，其实不然。高贵不是名牌就能衬托出来的。一个人如果没有良好的修养与气质，没有来自心灵的优雅，即使穿着满身名牌，也是粗俗的。

高贵的人时刻会注意自己的言行举止，不会高声说话，不会吵吵嚷嚷，更不会擅自打断别人。他们注重自己的仪表，说话会符合自己的身份。高贵不一定要出身豪门，也不是地位显赫。高贵在于人心，在于修养。

高贵的人生是优雅的人生，是用一颗平静的心，一种平淡的活法滋养出来的从容。高贵优雅的女人也许称不上漂亮，但一定是迷人的，受人喜

爱的。高贵优雅的女人不会向别人炫耀她的财富，也不会向他人诉说自己的贫穷，她不会告诉别人她读过什么书，去过什么地方，有过什么风光的过去，有多少名牌衣服，收藏多少珠宝与绝世珍品，即使是穿着名牌，也绝不会张扬。

优雅的女人之所以高贵，是因为她们心里充满了爱。家人、朋友、同事、亲戚，无论身边什么人，她们都会付出爱心，伸出援手，哪怕自己也处于贫穷之中。优雅高贵的女人总是任劳任怨，从来不斤斤计较得与失，也许生活的忙碌会让她疲倦，但她的眼中始终有自信的光芒，她不会抱怨不公平，更不会让自己陷于抱怨中。

第七章
升华气质,让心灵的优雅和高贵打败庸俗和浅薄

优雅女人,是最漂亮的女性。许多女人即使穿着名牌,吃着山珍海味,但无论在哪儿,怎么看都不是高贵优雅之人。这就是优雅的魅力。优雅是从骨子里透出的气质、韵味,这种气质和韵味是不分阶层,是不论贫富贵贱的,是高级化妆品、靓丽时装、甚至名车、别墅都包装不出来的一种美感。高贵优雅的女人就像一杯珍藏的红酒,醇厚而又甜美。

有些女性总是把精力都放在爱人和家庭身上,她们会给丈夫和孩子买最好的衣服和用品,但自己却从来不注意妆容,不注重着装。有时候一家人走在一起,显得极不协调。她以为这样是付出,是对家庭负责任。可等到丈夫出轨,孩子不理解时又心有不甘,觉得自己一生太无价值,付出那么多,换来的却是背叛与不理解。这是女人对自己的不尊重,所以也得不到别人的尊重。女人一定要让自己拥有足够的尊严,足够的优雅与高贵。这种优雅与高贵与金钱无关,与相貌无关。

优雅高贵的女人哪怕出身贫寒,也会行为举止适度。站有站相,坐有坐相,任何一件小事她都办得井井有条,哪怕日子再清贫,她也不会蓬头垢面地出现在你面前,更不会让你看到她狼吞虎咽的吃相。就算是没钱,她也会把日子过得有滋有味。优雅赋予女人一种神韵,一种魅力,一种气质和一种品味,她可以不漂亮,但绝对有修养。她们平和内敛,从容娴雅,不矫揉造作,不张扬。高贵优雅的女人是受人尊敬的,让人愉悦的。和高贵的女人在一起,如沐春风。她们谈吐大方,对事从不斤斤计较,更不会为了一点小事与他人争吵。

女人的气质,从某一种角度来说,就是思维习惯、行为习惯与情绪习惯的综合,不同的习惯会带来不同的生活方式,不同的生活方式又决定了不同的人生。高贵女人的优雅是习惯,无论外貌如何,她们总是别人眼中的美人。而那些举止粗俗、没气质的女人,即便是穿金戴银,给人的印象最多也就是一只好看的"花瓶",是不能与高贵女人相提并论的。

尽管岁月会在女人的脸上刻下一道道皱纹,但它抹不掉女人身上的气质与优雅。高贵不会因为岁月而消失,相反,年龄越大,气质会越佳,高

贵女人的美丽任何事物都打不败。

2. 抛弃自卑树立自信，别只用金钱来衡量幸福

女性的自卑心理来自多个方面，外貌、学历、经历、家庭、贫富都会导致自卑心产生。特别是成家立业、步入婚姻生活之后，家庭经济条件的好坏直接决定了很多女性有无自卑心理。有这种心理的女性，大多把金钱看得很重，谁家有钱谁家就有本事，谁家就幸福。比不上别人家的经济条件，就觉得自己低人一等，就产生了自卑心理。

幸福绝不是金钱可以衡量的。虽然生活中离不开金钱，但钱多了就会快乐幸福吗？那么是不是亿万富翁就不会再有烦恼和痛苦了呢？实际上并非如此。有钱也有有钱的烦恼，没钱也有没钱的幸福。幸福与钱多钱少并不能成正比。

记得以前看过的一则故事，有一个男人，高中时出了意外，父母双亡，却给他留下了巨额的家产。为了管理家族生意，他没有高考而是直接接掌自家的生意。说来他还是很有能力的，年纪虽小却把生意做得风生水起，很快成为小城的名人。那时的他年轻、英俊、有钱也有名，走到哪里都自带光环。于是他开始自我膨胀，虚荣起来，争强好胜，到处抢生意做，四处树敌。当时有很多女孩都追他，但他都不珍惜，仗着自己有钱，出去胡乱挥霍，吃喝嫖赌样样都占，每天活在虚荣浮华之中。他以为自己是幸福

第七章
升华气质，让心灵的优雅和高贵打败庸俗和浅薄

的，但每天晚上回到家，看到墙上挂着的两张遗像，看着那空旷的房子，悲伤和寂寞还是像蛇一样钻出来啃噬他的心。由于太过狂妄自大，加上树了不少敌人，竞争中他的生意一点一点被对手抢了过去，不到几年，公司竟然濒于倒闭了。曾经风光无限的他，落了个两手空空，一无所有，不得不到另一个城市做了普通的打工者。这时有一个女孩子爱上了他，两人一起打工挣钱，买了一个小房子，结了婚，生了孩子，钱不多，但一家人幸福快乐。

他从来不提以前的生活，后来他唯一的朋友问他，愿不愿意回到以前的生活，他眼睛眨都没眨就回答不愿意。因为他觉得现在已经很幸福了，在以前那种富贵而空虚的生活里还真没体会过现在这种简单、踏实的幸福。这样的幸福才真实。

虽然是个很老套的故事，但也足以说明金钱绝不是衡量幸福的标准。太多原本很幸福的人偏偏觉得自己不幸福，觉得自己不如人，觉得自卑，觉得低人一等，就是因为太看重金钱，把金钱放在首位，一切都用金钱来衡量。但幸福真的不是随着钱多而增多的，幸福是从一个人的心里发出来的，钱越多并不就会越幸福。

许多学者在研究金钱与幸福关系的时候，无一例外地得出了同一个结论：金钱与幸福有着轻微的正关系。也就是说，当人们没有钱时，一定不幸福，但当人们已达到温饱，金钱与幸福的关系就越来越小了，你的财富不断地增加，你的幸福指数却不一定会提高。有的即使上升，幅度也很小，有的停滞不前，有的甚至还下降了。人们想得到的东西——金钱越多，而不想得到的东西——烦恼，也越多。

下面是一位员工的真实感受，恰恰也说了金钱与幸福并不完全成正比：

月薪3000的时候，和老婆租房子住，连床都没有，只有一个床垫，那时候加班到深夜，出来吃碗羊肉粉都觉得那么幸福。

月薪6000的时候，有了我们的第一个房子，虽然每个月还房贷很辛苦，但是在家里自己煮一碗面，偶尔出来吃一次火锅也觉得很幸福。

月薪10000的时候：有了孩子，买了车子，可是不幸福了，连和老婆看个电影的时间都很少，更别说花前月下了。

家庭月收入过50000时，换了大房子，买了新车，却更不幸福。天天想的是孩子读什么班；谁换豪车了；谁刚买了叠拼别墅；谁不上班啃老生活质量高；谁又去北欧旅游了；父母生病了我要加班，我怎么照顾……

这样的感受可能很多人都会有。幸福感来源于心灵，用金钱来衡量，太不准确。首富马云当年也没有多少钱，因为缺钱，才把公司从北京迁回了杭州。他现在成为了中国首富，钱多得怎么花也花不完，但他是不是现在最幸福？不是！他自己说，最幸福的时候，是自己在学校当老师时，那时候工资90多元！

金钱在幸福中所起的作用很小，这是命运给人的一次平等的机会。上天是公平的，金钱面前不一定平等，但幸福面前人人平等。

幸福不幸福是人的主观感受，它是属于精神层面的东西，而金钱再多，也无法买到一个人的精神生活，金钱只能提供人们很多幸福的硬件，不能提供软件。比如，金钱能买床铺不能买睡眠，能买书不能买智慧，能买药物不能买健康，能买装饰品不能买教养。而丰富的内心，豁达的胸襟，淡泊的心境，人生的智慧，心情的质与量，情感的质与量，感悟大自然的质与量，这些都是幸福所不可或缺的精神软件，金钱无法买到。

所以我们没必要为钱少而自卑。

每个人对幸福的感受不一样，有人以享受天伦为乐，有人以坚持爱好为乐，有人以赚取金钱为乐，有人以愉悦精神为乐。只要不必为吃饭穿衣犯愁，幸福就与金钱没有太大关系了。一个摆摊的小贩，会因为多挣几块钱而兴奋不已,而一个开发商哪怕多挣几十万,也可能郁郁寡欢。宫殿里有悲歌,茅屋里有欢笑,关键在于心态。

明白了这个道理,只要你已经衣食无忧,就大可不必为了金钱浪费自己的时间和精力,如果能,去做自己喜欢做的事吧,生命就应该钟情于美好的事物,因为,知之者不如好之者,好之者不如乐之者。只有做自己喜欢的事,才能给自己带来真正的幸福和快乐!

 3. 培养高雅兴趣,做灵魂有香气的女子

高雅无关乎外表的靓丽,高雅也不是白富美。高雅是一种内在的修为,高雅的女人不一定拥有精致绝伦的五官,但是一定有见者倾心的气质和风韵。一个有高雅兴趣、生活充满情调的女人,灵魂自有香气,走到哪里,都会是最受欢迎的人。

职场女性要有高雅的兴趣和爱好,才能与更高端的客户打交道,才能开阔自己的视野,才能让自己看得更远。那么,哪些才算得上是高雅的兴趣?

(1) 读书

古话说:读万卷书,行万里路。读书当然是高雅行为。读书可以让人进步,可以扩充知识,开阔视野,让人明理。一个人如果不喜欢读书,那他一定不会进步,也不会有长足的发展。

(2) 旅行

除了读书,旅行也是高雅兴趣中不可缺少的一种。旅行的意义并不在于你在路上看到多少风景,也不在于你是否走到了原来你想要去的地方,只要在路上,你就是有收获的。旅行可以改变心境,让你改变曾经的想法与看法,旅行能让你原来狭窄的空间变得宽大无比,让你明白原来舍不下丢不掉的,其实并没有那么重要,有时甚至完全换一种心态和活法。人生就像是一场旅行,没有终点,一路奋斗,看花开花落,我们不能在某一处长久停下,那样,我们会找不到回家的路,而前方充满未知和挑战会让你兴奋地前进。旅行就是感悟人生,就是让自己换一种眼光看世界。

(3) 爱上音乐

音乐是一种有规律的声波振动,它能使人体细胞发生和谐的共振,起到给细胞按摩的作用。同时,音乐可提高大脑皮质神经细胞的兴奋性,对边缘系统和网状系统产生直接的影响,从而产生不同的情绪体验,陶冶人的情操,促使态度和行为发生改变。

听一首美妙的旋律,会让人心情平静。心情一平静,整个人也会放松,这时,你可以冷静地思考任何问题,而这些思考的结果一定是你想要的最佳答案。

(4) 爱上厨艺

一个爱烹调的女人一定是一个充满爱心的女人。她希望将自己的每一份爱心都用厨艺的方式表达给自己所爱的人。不论是家人、朋友还是同事,只要有机会,她们就一定会将自己的手艺奉献出来,让大家享受美食。一个爱烹调的女人一定是一个做事周全、不急不躁的女人,因为厨艺不是一朝一夕练成的,从厨艺可以看出一个人的生活态度。

(5) 爱上健身

健身可以让你拥有一个健美的体型。肌肉饱满而不臃肿,线条匀称,充满着健康的美感。这会让你的自信大大增加,哪怕身体原有小小的缺陷,也会因为健身而弥补回来。同时健身还可以提高身体免疫力,健身还可以提高你身体的恢复能力。羸弱的身体面对高强度的工作时会吃不消,大大影响工作效率,不利于能力提升与职位晋升。所以,健康可以让自己的工作机会更多，自己也有更多的精力来努力工作。

（6）跳舞

经常跳舞可以使形体更优美，动作协调度高，肢体更加灵活。在职场上一个会跳舞的女人与那些不会跳舞的女人比起来更有气场，因为她们肢体柔美、动作舒展，舞蹈艺术提升了气质，有种脱俗的美。心境开阔，内心豁达，身处职场中处世淡然，从容不迫。

（7）种花种草

俗话说，"春赏花，夏赏绿，秋赏果，冬赏青"。在家里养上几盆时令花草，就可以忘记户外的节气变化，做到自娱自乐、陶冶情操。养花还能够增添生活情趣，使生命更富生机，还能助益身心健康，陶冶性情，激发对生活的热爱。

（8）会保养

爱自己的女人，才能做足一辈子美人。保养并不是希望自己永远不要老去，而是让自己在岁月的洗礼中优雅地老去。让皮肤变得有光彩，让发质越来越好，让妆容得体大方，都是美丽女人愿意去做，并且做得很好的事情。如果你天生丽质，你需要保养，因为你一定不希望自己很快变得不好看；如果你生就一张平凡而大众化的脸，你更需要保养，因为保养会让你的肌肤更有光泽，会让你充满自信、充满活力，从而与众不同。会保养的女人一辈子都是美丽的女人。

唐瑛出生在上海，她的父亲是清政府获得"庚子赔款"资助的首批留学生，也是中国第一个留学西医。她的母亲是金陵女子大学的首届毕业生。与著名教育家吴贻芳女士是同学。唐家家境富足，人脉广，唐家的小女儿、唐瑛的妹妹八十多岁时回忆"小时候家里的厨师有四个，一对扬州夫妻做中式点心，一个厨师做西式点心，还有一个专门做大菜。"

唐瑛的父亲信基督教，因此，女儿们接受了良好的家庭教育和学校教育。唐瑛当时就读的中西女塾，是宋家三姐妹的母校，也是张爱玲读过的圣玛利亚女校的前身。这所完全西化的女校，以贵族化的风格培养学生成为出色的沙龙女主人。在家里，唐家的女孩们除了学习舞蹈、英文、戏曲外，还修炼着名媛的基本功——衣食讲究。家里专门雇了裁缝做衣服，每一餐都合理搭配，营养均衡，几点吃早餐，何时用下午茶，晚饭什么时候开始，都遵循精确的时间表，吃饭时绝不能摆弄碗筷餐具，不能边吃饭边说话，汤再烫，也不能用嘴去吹。

　　正是这个有诸多爱好和受过良好家庭教育的女人，在上海几十年来都是风云人物，几十年来受人尊敬与传颂，连自己的儿子都如看客般欣赏母亲的"惊艳"。

　　"七十年代，老上海最风光的社交名媛唐瑛回国探亲，六十多岁依旧着一身葱绿旗袍，眼波流转间沧桑烟灭，举手投足时岁月回溯，恍如葱茏少女，丝毫没有老妇人的龙钟疲态，处处透着优雅的韵味，真是做足了一辈子美人。"这是当时社会对她的评价。人见人爱的女人，无关年龄，无关岁月。

　　"没有时间"只不过是懒惰者的托词而已。"时间就像海绵里的水，只要愿挤，总是有的。"不要以忙碌为借口，不要以太累为理由，高雅的女人总是会忙中偷闲来经营自己的兴趣和爱好，让自己更有灵气，更富女人味。有自己喜爱的事情，我们对整个世界都会感到新鲜有趣，有了兴趣和爱好，就有可能产生强烈的求知欲，积极地去探索，去发现，去体会人生另一种不同的美妙。

　　一个一直能得到别人欣赏与赞扬的女子，一定是有着丰富的内涵与韵味，有着广泛的兴趣和爱好，知书达理的女子。这样的女子无论走到哪里，无论在哪种场合，都有一种摄人心魂的魅力，都能让人不自觉地靠近和欣赏。在职场,有智慧和才华的女子就是这样,她们因其内在的品质压倒了外表上的欠缺而熠熠生辉,她们因为灵魂的高贵而如水般纯净,她们是众人眼中的美女。这样的女性即便身在职场,也会尽情展现她们的才华。

 ## 4. 腹有诗书气自华,朴素衣装掩不住内心的芳华

对于女性来说,气质是永远超越美貌的存在。生活中很多女性只注意穿着打扮,并不怎么注意自己的气质是否合乎美的标准。诚然,姣好的面容、入时的服饰、精心的打扮,都能给人以美感。但这种外表的美总显得浅淡,如同天上的浮云。有些女性则不同,单从外表论怎么都不算好看,穿着打扮也朴素平常,但她们却自有一种独特而高贵的魅力,让人移不开目光。她的五官并不精致,身材并不迷人,哪里都平常不过,为什么如此吸引人?两个字:气质!

气质是女人魅力的源泉。气质之于女人,就像甘露之于鲜花,蓝天之于飞鸟。一个女人只要具备了气质的神韵,就会立刻艳压群芳,变得楚楚动人。

什么是气质?气质是一个人相对稳定的个性特点、风格以及气度。性格豪放,潇洒大方,往往表现出一种聪慧的气质;性格开朗,温文尔雅,多显露出高洁的气质;性格直爽,豪放雄健,气质多表现为大气;性格温柔,秀丽端庄,气质则表现为恬静。

气质是女人的知识、阅历、情感、能力、生活的一种综合的外在表现,它来自内心深处丰富而深厚的信仰与底蕴。气质并不是与生俱来的,

不是靠靓丽衣裙的装扮，也不是用高级化妆品的涂抹；不是矫揉造作的粉饰，也不是刻意强求的伪装。气质是一种修养，是超凡脱俗的嫣然一笑，是"发乎以内，形乎于外"的感染力。它不是一朝一夕形成的，它是女人在漫长的岁月中积淀而成的一种蕴涵。它不是浓烈的香水，不是靓丽的容颜，也不是金钱和地位所能代表的生活方式，而是渗透在生活细节中的点点滴滴……

女人的气质源于女人的知性和心灵，源自她们的知识和涵养。所谓"腹有诗书气自华"，再朴素的衣装、再素净的打扮，都掩不住她们身上流露出来的那种高雅气质。

成熟、稳重、自信、善良、有内涵、有气质，潜在地散发着一种迷人的魅力。这是爱读书的女人共有的。这样的女人心怀宽广，懂得包容，精神追求高于物质追求，不一定读书破万卷，但有思想、有品位，远离了庸俗、浅薄与轻浮，非常注重内心的交流和感受，并拥有不同于常人的审美个性和处世原则。寒来暑往，斗转星移，不论世事如何纷扰，知书达理的女人永远都会有自己的生活主张，永远不会被时代裹挟而失去自己，她早已经学会理智而从容地面对世间一切，能于冥冥中感悟规律，能够看破人伦世态的玄机，把握开启生命运转的钥匙。心态永远阳光，情怀永远不老。这样的女人，站着是一道风景，坐着是一幅图画，她迎面走来，带来的不仅有阳光，还有迷人的香味在飘荡……这样的女人，风度优雅，气质高华，魅力非凡。而这些，都来自于书香的浸润，来自于知识的滋养。

这样的女人是爱书的女人，爱书，买书，读书，与书为伴，拥书而眠。读书是一种心灵的活动。沉浸在书香里，天长日久，书的灵气和高雅都会浸到骨子里，不论长相如何，打扮如何，那份文静和优雅怎么也掩盖不住。普通的衣着，素面朝天，走在花团锦簇、浓妆艳抹的女人中间，反而格外引人注目。是气质，是修养，是浑身洋溢的书卷味，使她们显得与众不同。"腹有读书气自华"，这句名言对她们再合适不过了。

一个人要想把自己打扮得漂亮，打扮得可爱，就去读书吧，这是世界

第七章
升华气质,让心灵的优雅和高贵打败庸俗和浅薄

上一流的美容方法。聪明的女人,不但在意外表的形象之美,更在意内在的修养。不管生活多么烦乱,不管工作多么辛苦,她们都会每天抽一点时间,让自己扔掉一切,静静地与书相对,享受一时的宁静,也享受书香的浸润。

腹有诗书,气质自然高华。而且这份出众的气质是任何华丽的时装和高级的化妆品也修饰不出来的美丽和高贵。所以,多读些书吧。女人的气质和风度,一半是从生活中揣摩出来,另一半则是来自书本。与书为伴的女人,时刻被淡淡持久的书香所浸润。知识不但赋予她们丰厚的底蕴,而且陶冶了她们的情操,使人变得智慧并富有灵气。

多读书,让你明白道理,当别人找不到某种答案的时候,你知道,当别人化解不了难题的时候,你可以,这是书本教会你如何应对人生;多读书,让你心情更快乐,同样的事情,别人郁郁寡欢的时候,你在开心地微笑,当别人一筹莫展的时候,你同样在欢笑。这是书本告诉你,人生其实不用太计较得失。读书还能让你变得聪明,变得有智慧去战胜对手。在书中,你会发现自己的不足,从而不断改正自己的错误,促进自己不断进步。

如果有一小时的空闲,请选择读书,只有读书才能将这一小时化作对一生都有益的事情。如果有一分钟的空闲,请选择读书,一分钟,一段短语,一句精彩的评论,积累起来都将会影响你人生的道路。腹有诗书,人自有气质。

如果你还在为自己买不起名牌的时装而失落,如果你还在为自己能力不如别人而担心,如果你还在为停留在工作职位的最低点而自卑,那么,请爱上读书。这一切,都可以用读书来解决,多读书,能增添你的自信,多读书,能让你知识渐长,多读书,能让你能力提高,从而得到晋升。在修饰外表美的同时,更要关注内心的美。用读书滋养心灵,你会散发出耀

眼的华光。

　　读书的女人，她们聪慧颖悟，拥有宽广质朴的爱，善解人意的性格。她们的美丽不仅仅在外表，还在内心，腹有诗书，风韵自成。即使不施脂粉也显得神采奕奕，即便麻衣素服也美丽迷人。

5. 豁达大气，人淡如菊更有魅力

　　每个人都希望自己的每一天都能开开心心，顺顺利利，但生活却不可能如此。总会有一些小波折出现。如果我们都要斤斤计较，日子会过得阴暗乏味，只有胸襟豁达才能让自己每天的生活都充满阳光。凡事看开一点，豁达轻松地生活，我们就一定会拥有幸福美好的人生。豁达是一种洒脱的态度；是人生一笔宝贵的财富。有了豁达大气，生活中便会多几分和谐，几分宽厚，具有豁达心胸的人，会安静而坦然地走自己的路，会含笑而自信，既不自卑又不张扬，人淡如菊。当一切都看开，都不计较时，便是豁达，便是宽容。豁达是一种人生境界，它使人无论身处顺境还是逆境，都会保持从容的心态，清醒理智地面对现实。

　　做人要豁达，对人要宽容。豁达宽容是一种气度，是一种修养，是一种自信，更是一种智慧。有了这种处世态度，人生的道路就会越走越宽广。

待人豁达大气、胸怀宽广，这是一个人具有良好修养的外在表现。古人云："君子要忍人所不能忍，容人所不能容，处人所不能处。"同事间要善于沟通，珍惜缘分，心存大气之心；要互相帮助，互相配合。与人相处要以诚相待，在共同目标下求合作，在相互合作

第七章
升华气质，让心灵的优雅和高贵打败庸俗和浅薄

中求合力，在相互信任中求发展。宽容大度，不要计较小事；要见贤思齐，不嫉贤妒能；要团结协作，不互相拆台；要心地光明，不幸灾乐祸；要同心同德，不貌合神离。宽容豁达是一种眼光，是一种境界，是以德报怨，是君子的特质，是内敛的大海，是谦卑的高山，更是江海般的度量。

有一次，一位作家邀请两位朋友阿尔和马修一同出外旅行。

三人行经一处山崖时，马修失足滑落，眼看就要丧命，机灵的阿尔拼命拉住了他的衣襟，将他救起。

马修很感激阿尔对自己的救命之恩，便在附近的大石头上用力镌刻下这样一行字："某年某月某日，阿尔救了马修一命。"

三人继续前进，几日后来到一处河边。由于长期旅行疲惫不堪，且心情烦躁，阿尔与马修为了一件小事吵起来了，阿尔一气之下竟打了马修一耳光。马修被打得流出鼻血，很是气愤，然而他没有还手，却一口气跑到了沙滩上，在沙滩上写下一行字："某年某月某日，阿尔打了马修一记耳光。"

旅行终于结束了，三人回到家乡，作家怀着好奇心问马修："我一直不太理解，你为什么要把阿尔救你的事刻在石头上，而把他打你耳光的事写在沙滩上？"

马修平静地回答："阿尔救了我的命，这份恩情我是永远也不会忘却的，所以我将它刻在石头上；而他打我激起的怨恨则是一时的，我愿将它写在沙滩上，让我随着沙滩字迹的消失而忘得一干二净。"

忘记惹你生气的人，因为只有这样做才是最聪明的。当别人得罪你，或者犯了错以后，你最好告诉自己不必生气，换个角度来思考问题，别人的做法未必就是错误的，或许是自己还没有完全理解别人的意思，每个人对别人的判断都会受到自己主观因素的影响，不一定完全正确和公正，所

以一定要弄清事实。如果确定对方真的犯了错，你也应该以"人非圣贤，孰能无过"的心态来对待，并且尽量宽恕对方的过错，这样才能将工作进行下去，从而赢得更多人的尊重与喜爱。"退一步海阔天空，忍一时风平浪静。"这句话无非就是告诉我们：做人要豁达和宽容。因为宽容的受益人不只是被宽容者，更是自己，宽容别人就是解放自己。如果我们远离了嫉妒与怨恨，也就远离了痛苦、心碎、绝望、愤怒和伤害。

> 希拉里曾问曼德拉，如何在激流险壑的政治斗争中保持一颗博大宽容的心？曼德拉以自己获释出狱当天的感受回答她："当我走出囚室，迈向通往自由的监狱大门时，我已经清楚，自己若不能把悲痛与怨恨留在身后，那么，我其实仍在狱中。"

常言道：宽容者，必得天下。所以，宽容豁达是人生的奥妙，是一种超脱和自我精神的解放，是一种为人处世的态度，它更是一种修养、一种理念、一种至高无上的精神境界。宽容豁达表现的是一种博大的胸怀、超然洒脱的态度，也是人类个性最高的境界之一，更是一种"德"。因为我们中华民族注重"德"，一个人有"德"才会让人敬重，有才无德的人也许可逞一时之势，却不能把握历史的方向，最终还是会被历史所淘汰。

冤冤相报何时了，得饶人处且饶人。这就是一种豁达大气，一种博大的胸怀，一种不拘小节的洒脱，一种伟大的仁慈。宽容是一种豁达的风范，宽容豁达也是一种幸福，我们饶恕别人，不只是给了别人机会，也同样取得了别人的信任与尊敬，更能和睦相处。

一个人只有豁达、开朗、宽容，才能接受别人，善于与他人相处，能承认他人存在的意义和作用，自己也就能被他人理解和接受，为集体接纳，就能与别人互相沟通和交往，彼此之间的关系才会协调，才能融入集体，职场道路更加开阔。

"得理不饶人，无理搅三分"，这是一些人常犯的毛病。如果在职场中得理不饶人，把一件不足挂齿的小事复杂化，不仅会把上司或同事搞得下不了台，还会给人留下固执己见、小肚鸡肠的印象。所以，对一些鸡毛蒜皮的小事或一些非原则性的问题，即使得理也不妨饶人，这样不仅可以化解矛盾，更可获得融洽的人际关系。

我们不仅会在生活中随时碰到这种小事，就是职场中，谁又能保证不会和别人发生一些磕磕碰碰？谁又能保证自己事事处处都占理？只要没有根本的利害冲突，即便自己占理，也应该大度地让别人三分。同伴的批评、朋友的误解，过多的争辩和"反击"实不足取，唯有冷静、忍耐、谅解最重要。相信这句名言，"宽容是在荆棘丛中长出来的谷粒"。如果有那么一点点宽容的胸怀，有那么一点点冷静和忍耐，有那么一点点谅解和平和，所有的事情都会改变。

古往今来，多少人用豁达大气，换来了和谐的人际关系和蒸蒸日上的事业。大千世界，我们难免遇到许多不尽如人意的事情，我们不能要求每件事情都按照自己的意愿做得完美，在与人相处提高个人素质的同时，还要摒弃斤斤计较的心态，让自己变得豁达大气。在职场中，总免不了有意见相悖、言语碰撞的时候，只要不是原则问题，就应该主动退让，宽以待人，以心换心。这样才能始终保持平和、乐观、向上的心理状态，能做到"人淡如菊"便是最豁达的心理状态。"人淡如菊"是一种平和执着、拒绝霸气的心境。人淡如菊，要的是菊的淡定和执着。这样的淡，淡在荣辱之外，淡在名利之外，淡在诱惑之外，却淡在骨气之内。这样的淡，才不会去与他人计较，才不会活在别人的眼光里。女人如果太在意别人的眼光，便再也找不到快乐与满足。

在印度有一位著名的哲学大师，在他的众多弟子中，有一个人经常牢骚满腹，怨天尤人，不是抱怨别人对他不好，就是抱怨饭菜不合口味。哲学大师为了开导这个小肚鸡肠、心胸狭窄的弟子就叫他去买盐。盐买回来后，大师吩咐他抓一把盐放在一杯水中，然后喝掉。弟子照着做了，大师问："味道如何？"这位弟子皱着眉头说："咸得发苦。"大师叫他抓一把盐放在水缸里，再叫他尝味道，这次弟子说："有一点点咸。"于是大师叫他把剩下的盐撒到湖里，再叫他尝。"什么味道？""好像一点点咸味也没有。"弟子答道。哲学大师趁机教导这位弟子说："一个人生活中的不快和痛苦，就像这盐的咸味，我们所能感觉和体验的程度取决于我们将它放在多大的容器里，所以，当你处于痛苦时，请开阔你的胸怀。"

你的胸怀就好比生活的容器，当你感觉命运对你不公的时候，当你慨叹人生世态炎凉的时候，当你觉得对生活不满意的时候，当你感到工作不顺的时候，你就要不断地开阔自己的胸怀，只有心胸开阔，痛苦才会显得微不足道，只有心胸开阔，幸福才会在不经意间来到你的身边。豁达的人在遇到困境时，除了会本能地承认事实，摆脱自我纠缠之外，还有一种趋利避害的思维习惯。每个人的满足与不满足，并没有太多的区别，幸福与不幸福相差的程度，却会相当巨大。只要有一种看透一切的胸怀，就能做到豁达大度。把一切都看淡，才能在慌乱时，从容自如；忧愁时，增添几许欢乐；艰难时，顽强拼搏；得意时，言行如常；胜利时，不醉不昏，有新的突破。只有如此放得开的人，才能是豁达大度的人。

豁达大气的女性不会为一些事情看不开，也不会为之烦恼，她们知道，一切都会更好。那些因为上司不赏识、工作业绩不突出、同事之间攀比而欲加气愤、痛苦不堪的女子，她们整个身心，陷进了争强好胜的泥沼里，苦苦挣扎，不能释怀。豁达大气、心淡如菊并不是不去努力工作，而是尽心尽地去做，但不计较结果，问心无愧，心中无悔，这是豁达的人拥有的人生。

第八章

诗意生活，
抛弃眼前的苟且，追求真正的美好

> 生活得幸不幸福并不是看一个人有多少存款，也不是看她拥有多少稀世珍宝，而是看她内心是否有满足感，是否认可当前的生活。每个人对幸福的要求不同，选择的道路也不同。把平淡的日子过得有诗意，在平凡的岗位上做出不平凡的事业，把小日子过得红红火火，这就是成功的人生，是最美好的人生。

1. 远离豪奢,日子同样可以很精致

豪奢并不是国人提倡的生活方式,与一直以来倡导的艰苦朴素的节俭风尚相悖。但是作为一种品位,一种部分人眼中的财富表现方式,很多人还是努力追求过上豪奢的日子,这让他们很累。在企业里,如果领导提倡低调、朴素的生活方式,员工自然就会多加注意。比如领导开一辆十几万的车上班,而你却开着大奔来,你让领导情何以堪?让同事们怎么看?当然也不会有员工大摇大摆穿一身名牌。在公司里需要混得体面,但也要实际,不着边的豪奢只能让自己像小丑一样被笑话。尤其是女人,与其拿一些奢侈品来让别人关注,还不如做好工作来让同事们肯定。

要里子,更要面子,这是许多职员们口中的无奈,他们说,大家都这样,我不可能一个人独树一帜吧?这样也太不合群了,会受到排斥的。其实不然,这些都只是虚荣心理强的人为自己找的借口。当他们看到别人戴着名表时,他觉得自己被比下去了,别人穿一身名牌他也觉得自己被比下

去了,唯独不在工作上考虑是否被人比下去了。身在职场,并不是人人都有丰厚的收入,并不是每个人都用得起奢侈品,我们何苦要跟随别人的影子而深受其累?做一个真实的、自强的自我,把自己的日子过得精致而舒心,才是最重要的。

一个人的日子过得精不精致,与钱多钱少没有直接的关系。那是一种生活态度,一种品位。奢侈品牌所服务的产品必须是"最高级的"。这种"最高级"必须从外观到品质都能逐一体现。假如你倾尽财力拥有了一件奢侈品,但你其他的物品全是些普通的物件,这些普通的物品往往难以与之搭

配，你真正使用上这件奢侈品的场合并不多，无形中会造成浪费。把日子过精致并不是要拥有多少稀世珍宝，也不是要过上豪奢的日子，而是把生活中的点点滴滴细小的事情用心去做，做到称心如意，做到让别人羡慕不已，这才是精致。

　　杨达才，汉族，陕西省镇坪县人，哲学系本科学历，原中共党员、中共陕西省第十二届纪委委员、中共陕西省安监局党组书记、陕西省安监局局长，因"名表门"严重违纪遭撤职和双规。初步调查他至少有83块名表，家中与私人场所有大量现金和存款。

　　1982年毕业于延安大学政教系哲学专业的杨达才曾担任过许多要职，包括陕西汉中市委常委、汉中市人民政府常务副市长、党组副书记。他于2012年8月28日被南方日报揭露在陕西延安"8·26"特大交通事故现场开怀大笑。其多块手表也被网友搜索出来，均为昂贵的浪琴、欧米茄等国际知名奢侈品牌手表。此事件被网民戏称为"微笑门""名表门"，其本人也被网友戏称为"微笑局长""表哥"。由此，陕西省纪委对杨达才展开调查。9月5日，网民又发现杨达才戴的眼镜价格超过10万元（罗特斯品牌在"溥仪眼镜"店里最低售价13.8万元）。

　　陕西省西安市中级人民法院2013年8月27日下午发公告称，该院于2013年8月30日9时30分在3号法庭公开开庭审理被告人杨达才受贿、巨额财产来源不明一案。庭审开始，被告人杨达才被诉受贿金额25万元，504万元存款来源不明。西安市中级人民法院8月30日公开开庭审理被告人杨达才受贿、巨额财产来源不明一案。下午14时40分左右庭审结束，案件择日宣判。杨达才在最后陈述中说，自己犯了罪，追悔莫及，愿认罪服法。杨达才说，"关于案子，检察机关实事求是，法庭依法审判，我工作了几十年，最后走上犯罪道路，跌入犯罪深渊，追悔莫及。我有认罪悔罪的强烈愿望，请求法庭给我重新做人的机会。"2013年9月5日，西安市中级人民法院一审宣判：杨达才犯受贿罪，判处有期徒刑10年，并处没收财产5万元，犯巨额财产来源不明罪，判处有期徒刑6年，决定执行有期徒刑14年。受贿赃款和巨额财产来源不明赃款依法没收，上缴国库。

这就是豪奢生活的结局。如果不是贪欲，如果不是渴望过上豪奢的生活，杨达才也不至于落得这种下场。也许有人会说有钱人的日子才叫精致，因为想要什么就有什么，没有钱的人实在是无法精致起来。这是对精致生活的误解。精致与钱多不能等同。精致是一种生活品位，一种生活态度，它不是一朝一夕便可形成的，是长期追求内心美好的过程中自然形成的。

又到周末，章明早早就约定好，请三个人吃饭。三个人中，有两位是他的领导，另外一位是他相处多年的好朋友。这几个人对他来说都很重要。章明提前几天就和他们约定好，每个人都说没问题，到时见。于是，章明在最为豪华的大酒店订了包厢，一下班就早早地赶到了。服务生介绍说，酒店有一种火锅套餐，正好够3-5个人吃，分280元、580元和880元三个档次，章明不假思索，就挑了880元那一档的。请这几个人吃饭，最重要的就是要讲面子，钱是次要的。

章明在新城区上班，父母还住在老城区，尽管离家并不远，坐地铁很方便，但他却很少回家，因为总有做不完的事。即使到了周末，也安排得满满的。

这天，过了下班时间很久了，章明一个人坐在酒店包厢里，请的人一个也没到，章明首先拨通刘姓领导的手机，问他到哪里了。刘姓领导在电话那端先是一愣，接着一副恍然大悟的口气，说:"小章啊,真不巧,刚有一个重要客户要我去一趟,事关重大,不能来了……"章明虽感遗憾,但也不好强求,只好说:"您忙,下次有机会再聚。"然后赶紧叫来服务员说,把用餐标准降一个级别。服务员才说"好",还没出包间,章明的手机就响了,是另一位张姓领导打来的,说家里突然出了点事,需要立马回去,不能来了……章明忍不住自己的失望,说:"菜都点好了,先来吃点儿再回吧?"张姓领导说:"章明啊,真的不吃了。这样吧,明天或者下个周末,我请你。"话说到这个份上,章明也只好认了,有点尴尬地对还没出包间的服务生说:"有一个朋友有事,我们还剩俩人,能不能换成280元钱那一档的?"服务生同意了。

只剩那位相处多年的好朋友了,章明想,这么要好的哥们,一起吃个大排档,60块钱就能让两个人吃得乐呵呵的,这顿饭请得有些多余了,但已经到了这个时候,朋友肯定快到了,于是他就让服务生先上菜。啤酒和菜很快上齐,桌子上的煮锅开始沸腾。就在这个时候,章明那位好朋友也发来短信,说"感冒很严重,得去医院输液,实在对不起兄弟,改日再专门请客谢罪"。章明心中好一股怨气。怨归怨:这满满一桌菜怎么办?自己即便放开吃,也吃不完啊。正沮丧间,手机又一次响了起来,这次是父亲打来的,"小明,今天周五了,晚上回家吗?"章明强作笑脸,说:"这两天比较忙,就不回了。"父亲坚持说:"你得空还是回来看看吧,你已经有俩月没回来了,你妈老是念叨你,都把我念叨烦了。"章明嘿嘿笑了几声,说:"真的有点忙啊。"父亲又问:"你明天中午有空吧,你妈说她明天想去看看你,到你宿舍给你做个午饭。"老爸这一说,章明才想到,既然都点了菜了,不如就喊父母来吃吧,便说:"哦,对了,你和妈还没吃饭吧?要是没吃,你们现在就过来和我一起吃吧,我在离单位不远的酒店等你们。"父亲在电话那头怔了一下,然后问章明:"你说让我们现在过去和你一起吃晚饭？""是啊是啊，我请你和妈来吃饭，我都点好菜了，我马上把地址发给你，你和妈就打车过来，也不贵的，不要省钱！"放下手机，章明想起自己请过无数人吃饭，却唯独没有请父母吃过一顿饭呢！

父母这次果然没省钱，打出租车一会儿工夫就赶了过来，两位老人满脸笑容，老妈还特意穿了件新上衣，并抱怨章明老爸催得急，丝毫没多想儿子为什么突然请他们出来吃饭，还是在大饭店里吃很贵的套餐。章明敬了父亲一杯酒，当他将酒一饮而尽的时候，心里突然涌出想哭的冲动。吃完饭，章明和父母一起回了家……

星期一一上班，一位和章明父母同住一个小区的同事就跑过来告诉章明："这两天你爸妈在小区里逢人就说，你请他们在大酒店里吃了一顿高档大餐，还说你给他们敬了酒，祝他们身体健康……"章明一下子泪流满面。

◇◇◇◇◇◇◇◇◇◇◇◇◇◇◇◇◇◇◇◇◇◇◇◇◇◇

豪华的大酒店，四个人吃一餐上千元的饭还请不来客人。只有自己不知情的父母逢人便夸……一个人日子过得好坏，并不需要多少钱来堆砌，更与地位无关。精致的生活里，有亲情，有温暖，也有说不完的爱。

判断一个女人是否真的精致，不是看她的衣服是不是最新款的名牌，不是看她手上的包包价值多少万，也不是看她开的车是不是限量版，而是看她的细节。妆容是否精致，脸色是否红润，眼光是否有神，衣服是否干净整洁，出门时化妆袋里是不是必需品都备齐……越是细致的地方越能看出一个人是否真的精致。所谓精致，就是即使只是面对自己，也要把妆化得精致，把头发梳理得光滑清爽。一个女人的日子过得精不精致还要看她对于生活的态度，能够为家人做一回甜蜜的点心、为孩子读一篇睡前故事、把家里收拾得井井有条、把花草养得茂盛丰硕……这都是精致女人才会做的。

第八章
诗意生活，抛弃眼前的苟且，追求真正的美好

现代快节奏的生活让很多人远离了宁静，一味去追求外人看来高贵奢侈的生活。却不曾想虽然她们穿着光鲜亮丽，却也有悲伤无奈的时候。每天上班前与家人一起吃早餐，下班后与爱人牵手走一段路，开心的时候与朋友分享，不顺心的事情搁置一旁，看一本书，打开小窗看一看外面久违的夕阳……我们虽然没有那么多钱来购置奢侈品，但我们过着有诗意的生活，这是品位，是情趣，是一个女人精致的日子，是豪奢生活里不会有的。

 2．开阔心胸，没有必要和生活斤斤计较

雨果说过，世界上最宽广的是大海，比大海更宽广的是天空，比天空更宽广的是人的胸怀。胸怀，是指一个人的心胸、道德、气质以及对生命的感悟等。一个心胸开阔、能容得下大是大非的人，是不会为生活中的琐事斤斤计较的，也就是说，一个心胸开阔的人，是不会在生活中自寻烦恼的。他们看得开，看得淡。他们有理想、有抱负、有追求、视野开阔，他们是人生的大赢家。

很多时候，我们之所以不快乐，之所以会嫉妒会攀比，并不是因为我们缺少知识和能力，而是没有开阔的胸襟，喜欢与自己较劲。人心总是不知足的，所以，人往往得到的越多，越不满足，烦恼也就越多。所有的事情原本都是随着时间的改变而变化的，而我们却试图牢牢把握，不愿接受它的变化，结果只能是自寻烦恼。人生的道路上很多人都有贪得无厌的心态，正所谓欲壑难填，没有的想得到，得到的又放不下想要更多，结果是越来越烦恼。这都是因为我们太喜欢计较，太喜欢获胜导致的。

一名演员急于塑造好自己饰演的角色，超强度工作，睡梦中

都在背台词，结果寝食难安，因精神衰弱而无法正常拍戏。

一个女孩爱上了一个男孩，为了拴住对方的心，女孩刻意而专注地讨好男孩，唯唯诺诺地经营着一段一触即碎的情感，结果男孩因为受不了女孩爱的压力，仓皇而逃，一段精心维系的情感无疾而终。

一个初入职场的人，很想给上司留下良好的印象，于是做事处处小心谨慎，结果，因为太在意所以总是很紧张，而越紧张，工作就越容易出错，最后因为工作频频失误而被迫离职。

一个爱面子的人，因为太在乎别人的眼光，总是担心自己在别人的面前表现不够好，每次社交活动前都要认认真真地"预备"一番，结果，越预备表现越不好，最后得了社交恐惧症。

人生不如意事十有八九，很多时候，这些不如意和苦恼，与事情本身无关，而在于心态。我们越是在意一件事情，往往越是很难做好，而越是释然的心态，越容易成就"无心插柳柳成荫"的奇迹。不如意的事是每个人都会遇到的，因为这个世界不可能以个人意志为转移。世界不属于某一个人，不是我们想怎么样，就可以怎么样。很多时候，当我们的意愿与所期盼的结果相背离，内心会反复地闪过一个疑问：难道全世界都在故意跟我作对？其实，不是全世界与你作对，而是你自己跟自己作对。虚荣、嫉妒、攀比，哪一个不是因为你与自己作对才产生的心理？

所谓"壁立千仞，无欲则刚"，消除不必要的烦恼杂念，了解自己内心真正的需要，虚荣也就不那么重要了。学会释放自己，放下那些不必要的虚荣心，给自己一个豁达释然的自由空间，才能看到属于自己的枝繁叶茂的美好时光。

李娜在法国网球公开赛夺冠后，一度成为世界的焦点。当人们的眼光都落在李娜身上时，她倒是显得很淡定，曾经半开玩笑半认真地说过:"年纪越来越大了,我也越来越珍惜比赛的机会,但是我不会自己跟自己较劲,这样只会输更多的球。"面对自己的弱点及新生势力的威胁,李娜的卫冕之路充满了艰辛。李娜不服输的精神是有目共睹的,但是,在好几场比赛中,她明明应该有很好的表现,结果却令人大失所望。后来,李娜在总结失败经验时说道:"这种反常的表现就是来自于自己跟自己作对,自己跟自己较上了劲,控制不好自己的心理,就控制不好比赛成绩。"

对于不跟自己作对,李娜还是看得很透的,她认为不和自己较劲,就是不给自己的心灵太大的压力,并不是说失去了必胜的信念。每一个运动员都渴望胜利,否则谁还会去参加比赛?李娜也希望自己可以打好每一个球,只是她更明白,不是每一场比赛都能以胜利落幕。运动员获胜,自身技术很重要,但是心理战术更重要,心态调节好了,不和自己作对,不和自己较劲,比赛就比较轻松。尽管李娜每次比赛时都要面对自己的弱点、面对新生势力的挑战,但是正是因为那份坦然、看淡得失的豁达心态,才使得李娜有了不跟自己作对较劲的心智,以确保正常发挥自己的优势。如果不出现意外,取得下一次的法网冠军也不是不可能的。

人最大的敌人是自己,因为内心的一切情绪都需要我们自己去控制,而它们往往最不容易被我们控制。虚荣心让我们不停地去攀比,攀比不过时就嫉妒不已,为了争赢又千方百计想要扳回一局……其实这就是和自己过不去。

烦恼多,是因为想得太多,要得太多,欲望太多,一旦欲望得不到满足就会产生失望与不满情绪。然后,自己折磨自己,说自己太笨、不争气等,自己和自己较劲、过不去。其实,静下心来仔细想想,生活本身并没有错,错就错在我们的愿望不切实际,这山望着那山高,总是不满足。而当希望与现实的差距越来越大时,内心便出现了各种负面的心理。这时,不妨把目光放远一些,让心胸开阔一点,放下那些该放下的。别跟自己作对,何必让自己不痛快呢?

追赶别人并不是明智之举,超越自我才是真正的赢家。不计较其实就是适当的让步。让步是一种智慧,是一种胸怀,是一种修养,更是一种美德。适当的让步并不是认输,而是让双方都有足够的立场,都能容得下对方。生活中没有什么事值得我们去争个你死我活,坚决不让步的人肯定不是赢家。让步可以赢得和平,赢得对方的尊重,最主要的是,只有掌握了自我心理平衡的人才懂得让步,才明白让步让人心宽体健。老子说"祸莫大于不知足,咎莫大于欲得"。日子过得好不好只有自己知道。不与别人攀比,不与别人一争高低,不计较得与失是否平衡,心宽了,欲望少了,嫉妒和虚荣也会少。

热爱自己的生活,珍惜自己的拥有。车比邻居差了一点怕什么?它只是代步的工具;房子不如别人家的大又有什么关系?房子小,幸福多,也许别人正在羡慕我们呢;官没别人大又有什么关系?在自己的岗位上做出成绩才是重要的……心宽了,一切都变得美好了,想得开了,也就舒坦了。"世人都说路不齐,别人骑马我骑驴,回头看看推车汉,比上不足下有余",知足吧,知足自然常乐。

3. 悦纳自己的婚姻,不要苛求完美

在少女阶段,几乎所有的女性都希望嫁给白马王子,这个人既有钱又温柔体贴,既有情趣又对自己情有独钟,还老实听话。然而婚后才发现,这只是自己的"少女梦",婚姻根本不像我们想象得那么完美,于是嫁给谁都后悔。其实世界上哪有完美的男人?

第八章
诗意生活，抛弃眼前的苟且，追求真正的美好

婚姻是世俗的，爱情会在锅碗瓢盆里唱出不同的交响曲，而这些交响曲并不动听，甚至还会让人心烦。这时，接受自己的选择，尊重自己的选择就显得格外重要了。有人说婚姻就像是在一堆烂苹果里挑选，你只能挑一个毛病相对少一些的，没有完美的苹果任你挑选，生活本来就是这样。

一位未婚的先生来到一家婚姻介绍所，进入大门后，迎面见到有两扇门。一扇门上写着：美丽的；另一扇门上写着：不太美丽的。此君推开"美丽的"门，迎面又见到两扇门。一扇门上写着：年轻的；另一扇门上写着：不太年轻的。他推开"年轻的"门，迎面又见到两扇门。一扇门上写着：善良温柔的；另一扇上写着：不太善良温柔的。他推开"善良温柔的"门，又见到两扇门。一扇门上写着：有钱的；另一扇门上写着：不太有钱的。他推开了"有钱的"门……

就这样一路走下去，他先后推开过美丽的、年轻的、善良温柔的、有钱的、忠诚的、勤劳的、文化程度高的、健康的、具有幽默感的九道门。当他推开最后一道门时，只见门上写着一行字：您追求得过于完美了，这里没有，请你到大街上找吧。原来他已经走到了婚介所的出口。

婚姻就是过日子，就是柴米油盐；婚姻就是男人愿意扛重物，女人愿意下班顺便买点菜回来，在两个人都很累的时候，一起举杯，相互安抚；婚姻就是不如意的时候相互发泄，但从来都不计较，当一方有情绪的时候，另一方懂得谦让。婚姻不是战争，是两个人友好和睦相处，幸福婚姻是唇齿合一心心相印，痛苦的婚姻是一杯酒，自己酿造的自己来品尝。有时候

并不是婚姻不幸,而是我们想得太美,要求得太高。

恋爱中的两个人彼此吸引,往往是因为对方与自己的要求部分符合而产生好感,而随着关系的深入,我们会发现差异与冲突越来越多。如果能够悦纳对方,我们的婚姻就是成功的,就是幸福的。如果一味地后悔和感叹婚姻如坟墓,那么,失败很快就会到来。没有人希望婚姻失败,但我们却常常在要求过高时亲手毁掉了我们的婚姻。如果我们能够站在对方的立场来想想,也许就能体会到别人的不易,这样就会包容对方。而不是一味地去指责,去生气。

婚姻不会是十全十美的。世上只有合适的爱情,没有完美的婚姻。每个家庭都有矛盾,都有争吵,上帝不会把所有的幸福都集中在一个人的身上。有爱情的不一定有健康,有健康的不一定有财富,有财富的不一定有快乐,有快乐的不一定不争吵。从恋爱到婚姻,从相互吸引到熟悉彼此的缺点,如果不相互包容,就会陷入无尽的苦恼,就会失去婚姻。

有一位哲人说得更明白:"即使是最美好的婚姻,一生中也会有200次想要离婚的念头,50次想要掐死对方的冲动,这都是正常的。"学会悦纳,学会经营,幸福才会常在。

结婚之前,菲菲曾"警告"过男友:如果没有房子,就坚决不结婚!然而,待到男友向她求婚时,7年风雨无阻的爱情长跑积累下来的浓厚感情最终还是战胜了房子。27岁生日的那天,菲菲与男友步入了结婚礼堂。

婚后,他们和丈夫的父母、弟弟一起挤在70多平方米的老屋里。他们与父母各占一间,弟弟就只能住在客厅里了。与父母住在一起,有许多不便,别说小两口亲热的时候胆战心惊,连夫妻俩吵吵嘴都必须将声音放到最小,吵架变成了说悄悄话。实在委屈的时候,菲菲就坐在窄小的房间里生闷气流泪,丈夫则手足无措一脸愧疚的样子,像个做错事的小孩,乖乖地垂手站在她身

第八章
诗意生活，抛弃眼前的苟且，追求真正的美好

边，陪着小心。时间久了，一直待她很好的公公婆婆也感受到了她情绪的变化，有时候也一脸歉意的样子，弄得菲菲很过意不去。

2005年10月，丈夫的弟弟要结婚了，他们只好搬出去在外面租房子住。那段日子，他们饱受租房之苦：第一次租房没住多久就被盗贼洗劫一空；第二次租房的地方环境很糟糕，房子很潮湿，衣服不到一星期就发霉了；第三次租的房是几十年前建的木屋，在一次电线的短路故障中发生了火灾……遇到刻薄势利的房东，那种寄人篱下的屈辱让她和丈夫倍感凄凉。

结婚五年后的2007年，已经30岁的菲菲决定要孩子。但是，他们不愿让孩子跟自己一样生活在别人家的屋檐下，决心就算负债也要买房子！

将几年来的积蓄倾囊倒出，再加上各自父母援助的一部分钱，凑足了首期房款，菲菲和丈夫在银行办理了20年还款期限的银行贷款，购买了一套三室一厅90平方米的商品房。对房子作简单装修后，他们搬了进去。终于拥有属于自己的房子了！那一刻，他们幸福得相拥而泣。

婚姻就像是穿鞋，合不合适，只有自己知道。合适的婚姻即使没有房子，没有车子，没有财富，同样会简单而快乐，而不合适的婚姻，就会有说不尽的烦恼与苦楚，即使有再多的金钱，也买不到想要的幸福。一心要想完美婚姻的女人是心存幻想的女人，她们是不可能在婚姻里找到幸福的，可以说，如果不改变观念，不去试着接受自己的选择，不去悦纳包容自己的婚姻，就不可能感受到家庭的幸福。

4. 用心经营家庭，让每一天都有惊喜和浪漫

越是长久的婚姻，越需要浪漫来滋养。男人的强悍，女人的温柔，有时候是经不起岁月的推敲和打磨的。如果没有浪漫和惊喜作为添加剂，日复一日的重复生活将使人陷入枯燥乏味中，每天围着锅碗瓢盆的日子，说不定哪天忽然就有了很厌烦的感觉，于是幸福感便慢慢消退。

聪明的女人懂得好好经营自己的家庭，懂得维护家庭的和谐，维护丈夫的面子，也懂得爱自己。恋爱的时候是因为被他身上独有的特质深深吸引，从而忘记了也看不到他身上的缺点，但是当每天重复着同样的日子时，你会发现他的缺点原来那么多，有的甚至是你无法接受的，而你在他的眼中，也可能再不是那个美丽大方、温柔贤良的小女人。你可能霸道、不讲理、爱唠叨、爱生气，一点也不像当初认识的"小可人"了。这时候，除了失落，更多的需要我们相互包容、理解、沟通，消除彼此的坏情绪。

网上曾经流传过这样一个故事，可以说是传奇，但也可以说是爱情的魔力。

有个男人，在女朋友过生日那天，送给她一枝鲜红的玫瑰，那年他22岁。三年后，他们结婚了，在婚后的第一年妻子生日那天，男人又送了玫瑰花，他说："婚后的第一年，我送你一支玫瑰花，第二年我送你两只玫瑰花，这样，每年增加一支。"妻子听到后感到很幸福，她笑了，但又装着生气的样子说："你不会那么浪漫吧！"妻子嘴上这样说，但心里却很希望男人这么做，而粗心的男人果然没有把自己说的话当真。他们在一起生活了三十年，幸福而又平淡。这三十年里，男人送过手表，送过化妆品，也送过戒指，可唯独没有送过玫瑰花。

第八章
诗意生活，抛弃眼前的苟且，追求真正的美好

这年男人五十五岁，有一天，他正出差在外，忽然收到了妻子病危的消息，于是，男人拼命往家里赶。到了家乡，出了火车站，男人从来没有觉得路上这么拥挤，他走得跌跌撞撞，在一个转弯的地方，他听到脚下吭当一声，低下头一看，原来是一只红颜色的塑料桶，里面放着的一大束玫瑰花全被他撞翻了，紧接着脚又踩到了玫瑰花上，地上弄得一塌糊涂。卖花的是个二十岁左右的女孩子，她缠住男人把地上的玫瑰花全买走。

为了赶时间，男人没办法，只好把手伸进贴身口袋，掏出了钱。这钱本是给妻子买补品的，现在却必须买下这些花。他把钱拿给小姑娘，又蹲下身去，把地上的那些玫瑰一枝枝捡起来，然后捧着那些凌乱的玫瑰花，赶到医院，看到了妻子。妻子还在昏迷中，于是男人在妻子的病床边坐下，就在这时，奇迹发生了，妻子竟然慢慢地苏醒了过来，她是被玫瑰的花香唤回到这个现实世界中的。她睁开了满是皱纹的眼睛，看到了丈夫手中捧着的那一大束玫瑰花，她挣扎着身体，一枝枝地数丈夫手中的玫瑰，一边数着，一边抹脸上的泪水……

奇迹再一次发生，妻子的病竟然渐渐好起来了。在一个夜深人静的晚上，这天正好是他们结婚的纪念日，妻子靠在丈夫怀里，说出了一个秘密，"你记得那天在医院里我数玫瑰花的事吗？""记得。""你知道那是多少枝玫瑰花吗？"丈夫摇了摇头。

妻子说："三十枝。"那天，正是他们结婚三十周年的纪念日……

油盐酱醋会让我们的婚姻失去活力，社会压力也让我们疲于去制造那些不实用的惊喜与浪漫，于是婚姻越来越干巴，越来越没有激情……其实浪漫是不分年龄的，哪怕是八十岁，牵手散步也是令人羡慕的浪漫。

她与两位要好的朋友相约，趁没孩子时带着老公结伴去旅游。可在旅游途中，她看到朋友们的老公忙前忙后充当护花使者，可自己那位，走路时两手空空，相机都让她提着，吃饭自顾自，入寝时也是她给他倒水拧毛巾。有时，她也提醒他学学别人的样子，可他一笑了之。为此，她有些闷闷不乐。

很快，朋友们先后觉察到她情绪的变化，便悄悄地问她原因，她说以前他在生活细节上不懂得呵护她，她以为这是男人的通病，认为他赚钱辛苦，也就不计较这些。可现在看到她们的老公同样打拼，却对老婆体贴入微，她这才明白，男人与男人一比较，原来是天壤之别，这样一想，就觉得自己嫁错了人。

两位朋友一听，纷纷安慰她。可怎么说，她都觉得自己很亏，女人这辈子不就是希望有人疼吗？所以，劝归劝，她还是心情不舒畅。这时，其中一位只好抖出了自己的隐私，说他们夫妻前段时间差点就离婚了，感情也很淡漠，哪像她嫁的人，对她始终感情专一，彼此又是初恋，恋爱8年终成眷属，丈夫为了爱情，从另一个城市迁到这个城市，非常难得。只是两人在一起久了，有了一种老夫老妻的感觉，才不那么黏糊了。另一位女友也告诉她，她与老公来旅游的经费都是AA制的，自己从没有体验过他把钱交到手里的幸福感。而她是家里的财政部长，丈夫挣的每一分钱都上交，她多有家庭地位啊。

嘿，听她们这么说，她彻底释怀了。原来，婚姻是比较学，但绝对不是拿爱人的短处，去比他人的长处，只有反过来，用爱人的长处来比他人的短处，才能比出好婚姻。

夫妻间的磕磕绊绊是婚姻生活的调味料。两个人过日子不可能永远恩爱如初，拿他人的短处与自己爱人的长处相比也是一种爱的方式。比如别

第八章
诗意生活，抛弃眼前的苟且，追求真正的美好

人老公勤快，却不懂浪漫；别人老公会挣钱，却从来不分享家务；别人老公长得帅，却收入不高，沉迷游戏……任何一种婚姻都会有它不及别人的地方，但任何一种婚姻又有别人不曾有的恩爱方式，当我们因为家庭琐事和社会压力而变得焦虑和烦躁时，不妨找一些方式浪漫一下，给爱人一些惊喜，这样不但会使心情好起来，还会使两个人更加和睦恩爱。

也许有的人会说，寻找浪漫和惊喜是男人的事，男人应该会哄女人，会制造浪漫。其实在婚姻里，没有谁对谁错，没有谁是主角，谁是配角，所以，女人同样也可以制造浪漫，同样可以多给爱人一些惊喜。男人在女人的温柔乡里，更多时候就像个孩子，需要呵护，需要包容。一个家庭并不是只有两个人过日子，而是牵扯到许多人。比如自己的孩子、双方的父母甚至亲戚。这些人都是平时与我们最亲近、打交道最多的人，而我们从家里得到的烦恼大部分都与他们有关。用心经营，才能让大家和睦相处，才能与爱人一起过得恩爱而幸福。

制造浪漫和惊喜并不是要花很多钱和精力，只要有心，任何时候，任何一点小事情都可以让对方欢天喜地。如果家里的卫生长期都是男人在做，女人不妨偶尔也做一回，这算是惊喜；如果因为忙碌长期在外吃饭，哪天得闲，女人亲自下厨，做一桌男人爱吃的菜，这算是惊喜；给好久没有相聚的父母打个电话，问声好，或者接他们过来住一晚，这也算是给男人惊喜。偶尔下班回来，带束花插在房间，这算是浪漫；给丈夫买一块他心仪好久的手表，当作节日礼物送给他，这算是浪漫；约定一个假期，一起出去旅行，感受大自然的清新与美好，这同样是浪漫。浪漫和惊喜不用计划多久，不用找时间，更不用花多少钱来完成。一个希望自己家庭稳定、深爱自己家庭的人，会时不时地在小事上"花心思"，制造一些"保鲜剂"，把爱人牢牢地拴住并心甘情愿为自己服务，这样的家庭是和睦而幸福的，而这样的婚姻，无论经过了多少年，都一样美好如初。

5. 树立事业心，追求更高的目标

很多职业女性在职业生涯的起步阶段跟男性一样具有雄心壮志，但是在与一层层职场障碍进行斗争的过程中，她们渐渐变得厌倦，这份雄心也逐渐消退，于是工作没那么积极了，做一天算一天，不求有功，但求无过。还有的即使事业心仍在，出于对家庭的负责，对孩子和老人的照顾，她们不得不选择离开职场，做起了全职太太。曾经有一档节目叫"我的妈妈没工作"。里面讲了一个全职太太每天做家务，照顾生病的老人，照顾上幼儿园的孩子，照顾上班的丈夫，工作时间长达十四五个小时，可谓是起早贪黑，辛苦勤奋。然而就是这样一名家庭主妇，却被婆婆嫌，被丈夫嫌，甚至连孩子都说："我的妈妈没工作。"丈夫开口就骂"你什么工作都不会做"。何为工作？在我国传统观念里，挣钱的，那叫工作，做家务活，不上班，那不叫工作。那些"你负责赚钱养家，我负责貌美如花"的幸福生活只在书中才有，现实社会，女性还是要有自己的事业才能更完美，更有地位，至少不会与社会脱节。

做一名职业女性要比男性辛苦。因为她们要兼顾的太多，家庭、孩子和工作一样都不能忽视，每样都是人生的重点。中国人的传统观念决定了女性必须要比男性对家庭和孩子的照顾要多一些，同时，母亲的天性决定了女性付出得要多。但这并不影响女性有自己的事业，有强烈的事业心。一个好妻子、好母亲和一个好员工或者好领导并不冲突，当然前提是要付出得更多一些。因为女性要兼顾的东西很多，很多公司在关键的重要职位上更倾向于男性，这让职业女性觉得公司存在性别"歧视"。女性希望有事业，但社会传统又要求女性做一个贤内助，所以女性只能更加辛苦。社会的日益发展，为女性的个人发展提供了更大的舞台。她们在体验着高强度的工作带来的压力时，也发挥了极强的柔韧性，有着出色的表现。随着

第八章
诗意生活，抛弃眼前的苟且，追求真正的美好

女性的性别价值得到更多的认可，她们在进一步定位自己在社会和家庭的角色时，也有了更明确的目标和方向。这也就是为什么那么多女强人不仅工作出色，家庭也很幸福的原因。

"幸福的女人总是有自己的事业"。这是许多全职太太回归职场后的感受。这个时代，许多有实力的女人正在职场中崛起，她们大多是从职场进进出出后才逐渐稳定下来的。她们通过实践证明，女人一味地依靠男人是不会获得最大限度的幸福的，顶多也就是不愁吃穿，但真正想要日子过得更充实，还是要有事业，用自己的事业心来证明自己的社会价值，体现自我。

事业是什么？事业是指一个人在某一方面取得的成就。不论男女，要想在事业上有所成就，就要有强烈的事业心，愿意为自己的事业而受苦、受累，愿意为它去努力、去拼搏。

1971年出生的陈艳，是全国劳模、脚病专家于素梅的女儿。她继承母亲遗志，甘当人民修脚工。十四年来，她努力把自己平凡的工作做到极致，用一颗赤诚的心在平凡的岗位上做出了不平凡的业绩。陈艳从小就目睹当修脚工的母亲经历过的种种坎坷和磨难，随着年龄的增长，她对母亲的理解越来越多，当看到母亲躺在病床上无暇顾及每况愈下的身体，却还在忧心绝技无人继承时，她被深深感动和震撼了。1997年9月，她冲破重重阻力做出了一次重大的人生抉择，追随母亲创办"于素梅脚病修治部"，开始了新的人生拼搏。

在母亲手把手的指导和严格要求下，她勤学苦练基本功和刀法，不知削了多少双筷子，手指不知磨了多少个血泡和茧子……终于扎实地掌握了修治脚病的基本功。1998年5月，母亲于素梅

因病去世，陈艳化悲痛为力量，开始了新的创业。她潜心钻研，努力提高自己的业务能力和水平，购买了数十本有关医学方面的论著，刻苦自学，又克服重重困难到陕西中医学院中医专业进修深造，使自己从更高层面认知脚病的成因，提高治疗水平。在工作中，她不断摸索实践，针对灰趾甲、鸡眼、甲沟炎、瘊子等顽固脚病，把自己和家人的脚都当做试验品，不断试验、改良新药。通过努力，目前脚病的治愈率已达90%，陈艳也受到了广大患者的称赞，在同行业中也有较高威望。她不断研究新的按摩套路，使顾客得到更好的放松、保健和治疗。经过近十四年的不懈努力，她已成为省、市第一个具有高等教育双学历的、最年轻的、同时具有修脚高级技师职称和按摩技师职称的修脚师，市劳动局修脚专业的考评师。

把一件大家都会做的事情做到专业，做到独一无二，需要长期坚持和不懈的努力。一个有事业心的人哪怕是在最平凡的岗位上，也会让自己的工作比别人做得更好，也会向着更高的目标努力前进。陈艳就是这类女性的代表，她们追求的不是"可以"，不是"将就"，而是"更好"。

以精益求精的精神去做事，凡事都想要把事情做到最好，以高标准来要求自己的人，可以迅速提升自己的能力，学识日渐充实，而且逐步可以胜任其他更重要的工作。能力是一个人立足的根本，是一个人的核心竞争力，是立于不败之地的法宝。别人做不到的你做到了，别人做不好的你做好了，别人一筹莫展的关键时候你手到病除，这就是本领，就是要达到的更高的目标。一个愿意把目标放得更高的人一定是一个上进心强、事业心强的人，同时也是做事认真负责的人。

如果你是一个不服输的女人，如果你希望自己不仅家庭幸福，还希望事业有成，那么你需要树立强烈的事业心，以积极认真的态度来对待自己的工作。不要因为自己只是个小职员而丧失动力，也不要因为自己家庭事务繁杂而对工作不上心,更不要因为家庭实力雄厚而小瞧自己的工作,认为这份工作赚取的收入可有可无。工作带给我们的并不仅仅是收入,还有工作中的乐趣和工作过程中学习到的知识,这些是你不在职场根本接触不到的。树立事业心,不断追求更高的目标,让自己在职场撑起一片天空,这时候你会发现,幸福已经被你紧紧握在手中,你面前是一条更加宽敞的大道。

6. 超越世俗的眼光,只过想要的生活

"如果你没有足够的胆量,请不要超越世俗,如果你希望活得更有价值,请超越世俗。"这是对女人的忠告,也是对女人的鼓励。一个女人如果总是在意别人的眼光,活在世俗里,那么她的一生注定不可能有突破,也不可能有很大的成就。因为,世俗的眼光往往会阻挡一个人前进的道路。

以前职场上的女人大多是矛盾的,她们既希望自己事业有成,又害怕家庭琐事耽误了事业,到头来事业不成,家庭不顺。于是大多数人选择了安于现状,公司的事情尽量努力做,家庭的事情决不落下。这种日子虽然安稳,却少了激情,少了斗志,总感觉一生无所作为,浪费了光阴。

现代女性则不同,她们愿意大胆尝试,愿意创新,并为自己的工作去努力。她们不愿意被世俗的眼光禁锢,不会活在别人的眼光里,她们想要的是自由自在的生活,为自己而活,为自身的价值而努力。

17岁那年,她高中毕业来到了扬州,在一家浴池当了一名修脚工。在扬州,修脚师傅的刀与理发师的刀、厨师的刀并称为"扬州三把刀"。真正要把脚修好,需要"真功夫"。

她下决心要把这门技术学会。修脚主要是靠刀工,一个好的修脚大师能用锋利的刀子在人的脚上修、片、剥、挖,把没用的茧子和肉皮削去,给人一种舒服的感觉。当然,下手重了不行,轻了也不行。重了会把客人的脚割破,轻了又达不到应有的效果。开始,她用刀子在竹筷子上面练习。一次,她在练习刀工的时候把手指头削掉了一块儿,鲜血染红了刀子和筷子。她疼得眼泪直流。师傅劝她说,闺女,看你细皮嫩肉的,干不了这种侍候人的活儿,你走吧!她一边擦眼泪,一边对师傅说,我能行,我一定要当世界上最好的修脚大师!

这就是让她坚强的理由。在练习了一大筐筷子之后,她终于出师了。她的苦练没有白费,一把刀子被她使得如行云流水,让客人大加赞赏。很快,她成了这家浴池最年轻的大师傅,前来找她修脚的人越来越多。

但被误解和不被人尊重的事件时有发生。最让她伤心的是自己的爱情。男友的父母听说她是一位修脚女,坚决反对他们的婚事。结果,一对相爱的人因为她的职业被迫分手。自此,她决心不再谈恋爱。她要把修脚事业做下去,证明自己的能力,实现自己的价值。

通过不懈的坚持和努力,她成功了。她当选为"全国优秀服务员""全国三八红旗手",曾两次当选为全国人大代表,并受到温家宝总理的亲切接见,她成为名震扬州的修脚大师。不仅如此,她还开办了自己的专业修脚店,自编了《修脚保健技巧》《修脚技术》两本教材,培训自己的员工。很快,她把修脚店办成了连锁店,迅速占领了全国修脚行业80%的市场份额。

香港著名实业家邵逸夫听说她的大名,派专机接她来为自己修脚。她这一去,便名扬香港。香港演艺界名流都纷纷邀请她为自己修脚。原来安排的行程只好一拖再拖,可是,还是满足不了

第八章
诗意生活，抛弃眼前的苟且，追求真正的美好

这些著名人士的需求。

她的事迹感动了无数未婚青年，追求者络绎不绝。她终于找到了属于自己的爱情。新婚之夜，她用修脚刀在洞房的墙壁上刻下了"修脚"两个字，要丈夫尊重和理解自己的理想和事业，否则就不让丈夫上床。丈夫不仅答应了她的要求，而且还答应改行跟着她一起学习修脚。那一刻，她脸上流下了幸福的泪水，落在了丈夫坚实的胸膛上。

她的名字叫陆琴，当选为"全国十大致富能手"。当专家问她是如何面对痛苦和绝望时，她面对全国的电视观众，坦然地说，不要活在别人的眼光里，爱上自己的工作，为工作找一个让自己坚强的理由，继续做下去。

在世俗的眼光里，"修脚工"既不光彩，也不高贵，算是"低人一等"的活。如果没有足够的勇气和信心，是做不来的。对于一个十七岁的少女来说，需要多么大的勇气来承受别人的异样眼光。但是陆琴做到了，并且成功了，成为了大师。人们总是习惯按自己的想法去要求身边最亲近的人。越是关心，越是希望对方不要超越世俗，好像一旦超越世俗，就见不得人，就要吃大亏，就活不下去，并且他们会语重心长地说这是"为你好"。对于工作是这样，对于谈恋爱也是这样，对于家庭同样是这样。工作上，人们要求体面，否则会伤了面子，即便是不喜欢的工作，即便收入很低，只要体面，他们就认为是好的。就像修脚，是大多数人不能接受的职业，尤其对于年轻女性，更不要涉足其中。谈恋爱，人们讲究"门当户对"，一个拥有财富的人绝对不能娶一个贫穷女，一个富家小姐千万不能嫁给一个无房、无车、无钱的穷小子，这是不合逻辑的，是超越世俗的，是不对的。对于家庭，人们更是信奉"宁可凑合着过，也不能轻易离婚"这原则。离了婚的女人在世俗的眼光里是不祥的，所以，无论怎样，都要坚守自己的婚姻，哪怕从来没有幸福过。这就是世俗，就是中国人保守的观念。一些

人在这些眼光里屈服，走着人们的老路，却始终没有找到人们所言说的幸福。一些人冲破世俗的眼光，去做自己想做的事，自己认为对的事，哪怕一时无法让很多人接受，但最后反而比那些在世俗眼光里屈服的人过得更好。

李丽是一家公司的业务主管。刚开始进入公司的时候，她还是一名业务员，薪水不高，公司对她也不看好，但是不服输的她硬是凭自己的努力把业务做到比其他人都好，在工作过程中，凡事做到让客户满意为止。因为成绩突出，两年后，她成了公司的业务主管，手下有一大批为她效力并忠于她的好下属。与此同时，她恋爱了，爱人是让她颇为心动、十分满意的人。

因为手下得力的人多，所以，她在工作上并不担心，经常抽出时间来与男朋友约会，看看电影，散散步。一转眼半年过去，到谈婚论嫁的时候了。男朋友提出让李丽辞职，回家准备婚事。可李丽舍不得好不容易打拼出来的成绩，和男朋友起了争执。"就算你现在不辞职，结了婚，你还是要待在家里，我们家庭不需要女人出来做事，我完全有能力养活你。"男朋友说完这番话，把目瞪口呆的李丽丢在路边扬长而去。李丽无论如何也没想到，开朗新潮的男朋友竟有这种守旧观念。她委屈极了，一个人蹲在路边哭起来。

经过一番思想斗争，李丽决定与男朋友分手。她母亲知道后极力反对，原因是男朋友家境不错，对她也好，不让她上班是想让她享福，是李丽"不知好歹"。李丽真的迷茫了，她没想到自己最爱的母亲也会帮男朋友说话。但是倔强的她已经下定决心要分手。她相信总有一天，会遇到真心爱自己而且能理解和支持自己的人。

第八章
诗意生活，抛弃眼前的苟且，追求真正的美好

无论别人怎么看，怎么想，自己认定的就大胆走下去，这才是现代女性应该有的胆量与勇气。超越世俗，过自己想要的生活，其实并没有想象得那么困难。只要我们不在乎眼前看似拥有的，能为自己的选择放下一些附属的东西，认准了目标，一路前进，不回头、不灰心、不妥协、不放弃，我们就能越走越好，越活越自在。

 ## 7. 保持快乐的心情，享受快乐的人生

"快乐就是身体无痛苦，心灵无烦忧，就是身体健康，心灵安宁。"快乐是幸福生活的始点与终点。任何人都有追求幸福的权利，任何人都想拥有幸福。无论你在哪里，身处什么样的环境，都不要忘了保持一种快乐的心情，这样才能享受美好的人生。每时每刻都痛苦不堪、愁眉苦脸的人是无法找到生活中的快乐的。

快乐与不快乐，不在于事情、不在于时间、也不在于工作，而是在于人的心态。积极向上、拥有正能量的人总是能让自己保持快乐，在生活中不断寻找快乐。而懒散、无趣的人总是被身上的负能量控制，他们找不到快乐的方向与理由，总是被淹没在自己制造的痛苦中。

这个世界上，每个人都是独一无二的，每个人都有自己的优势，正确认识自己的价值，对自己充满自信，就能活出生命中的最精彩的华章，就能保持快乐心情，享受到生活中的美。生活中我们难免受到各种委屈，但这些委屈并不代表我们的日子就变成了灰色，不代表我们的生活一无是处。

在美国佛罗里达州桑福德市一个安静的小镇上，有一名厨师叫马克·鲍勃，他的烹饪水平一直不错，在一家叫好望角的餐厅

做了两年的厨师。当厨师之余,他还热爱博彩,虽然他一直没有中过大奖。

2009年2月,幸运之神眷顾了他,他居然中了数百万美元的大奖。在经济危机的情况下,他成了小镇最幸运的人。中奖的那个晚上,他在自己工作的餐厅请客。他亲自下厨,和大家一起庆祝自己一夜暴富。那个狂欢的晚上,所有人都尽兴玩闹,只有饭店老板约翰有些难过,因为他得开始计划重新招聘一名厨师了,他想鲍勃肯定不会继续干这份工作了。第二天,就在约翰拟好招聘启事之后,一个熟悉的身影出现了。鲍勃居然回来了。鲍勃不但回来了,而且风趣地说:"我是厨师,你们休想把我丢进那些豪华会所。"于是,鲍勃又吹着口哨开始了他的工作。很快,饭店里的食客渐多,当人们发现鲍勃依然在这里工作时,都很惊讶地向他挥手致意。

后来,他的做法引来了记者。记者举着摄像机闯进厨房问他:"鲍勃先生,你完全不必继续在这里工作了,为什么还要继续呢?"他一手端着盘子,一手拿着勺子对记者说:"我从小就学习做菜,在父母亲的反对之下坚持成为一名厨师,你大概知道我有多喜欢干这个了吧?而且,我在这里有像亲人一样的老板和同事,我们相处得非常快乐,他们让我人生的大部分时间都很快乐。我为什么要因为一笔意外之财而丢弃我热爱的事情呢?是的,我不能因为钱耽搁了我的快乐。"记者很惊讶,但仍然执着地问:"你这么有钱,干吗不把这家餐厅买下来,然后自己做老板,这样不是很好吗?"鲍勃笑了,隔着玻璃门指着外面的老板约翰说:"像购买这家餐厅成为老板这种事情,我是不会干的,因为这是约翰最喜欢干的事情，我如果买下这家餐厅，那不意味着约翰要失业并失去快乐了吗？既不能给我带来快乐，又有可能夺走别人快乐的事情，我为什么要干呢？"

亚里士多德说："生命的本质在于追求快乐，而使生命获得快乐的途径有两条，一是发现使你快乐的时光与事物，不断地增加和强化它；二是发现使你不快乐的时光与事物，尽力去减少它。"这就告诉我们，如果我们不能改变所处的环境，就试着去适应这个环境；我们不能向上比，我们就试着向下比；我们不能违背规律，我们就遵循规律；我们不能改变他人，我们就想办法改变自己。

一本叫《花生》的漫画书里有这样一段故事：主人公每天都会埋怨自己的午餐乏味至极，为此很烦恼。有一天，他又在抱怨的时候，有一个人问他，是谁为他做的午餐，他回答说，是他自己。原来烦恼的根源是他自己。没有人让他每天做一样的午餐来影响自己的心情。但是他好像从来没有想过要去改变自己的坏心情。

就像我们不喜欢目前的生活一样，吃午餐是不可能不做的事情，既然不喜欢每天为自己做的午餐，那么，为什么不去尝试着换一种自己喜欢吃的呢？好心情或是坏心情不在于别人，都在你自己。你想让自己的心情好起来，心情自然就会好起来。你一边埋怨一边又从来不想去改变，那就注定只能生活在烦恼里了。既然不喜欢自己目前的生活，何不改变，换一种让自己开心的活法？

工作做得不开心我们可以重新换一个岗位，朋友处得不好我们可以不再结交，恋爱谈得不如意我们可以选择终止，无论什么事情，都没有必要让自己不开心。快乐才是人生的真谛，是人们最终追求的目标。如果每天生活在不快乐里，那么我们的人生就失去了意义。

人的一生中不如意和烦恼无处不在,它们就像灰尘一样存在于万物生灵之中,所以,我们应该时时保持自我清洁,抹去思想中的灰尘,笑对人生,开心地走向美好生活。让嘴角微笑起来,心情就会大好。微笑表达的是柔情、温馨和美好,微笑里没有人生的怨言,没有不满,微笑代表的是满满的正能量。有了微笑,我们就生活在阳光里,我们就能感受到人生的幸福。微笑可以诠释幸福、表达快乐、传递温暖、鼓励挫折。阳光会照在每一个人的身上,只是有的人喜欢而有的人不曾珍惜。烦恼和苦难都来自于内心的感受,任何时候都用快乐的心情来对待生活,烦恼自然就会消失。

快乐的方式有很多种,女性更容易找到快乐的方式。比如买一件心爱的美裙,穿起来令自己大方又漂亮,快乐便自心底出来;比如几个好友在一起谈天论地,甚至是发发牢骚,完了会心一笑,快乐也会随之而来;再比如和爱人一起去一个向往已久的地方过一过二人世界,快乐更是无边……有了快乐,我们才能享受人生中的各种美好,有了快乐,我们才有心情为自己的人生去规划,去努力,去奋斗。一个不会享受快乐的人是看不到未来的,他除了怨叹自己命运不好,就是被痛苦折磨。

女人想要保持快乐心情,就要有自己的生活方式。做自己喜欢的事情,让生活从容有序,不随波逐流,不被世俗禁锢。

快乐的女人是热爱生活的,她们有一颗平常心,哪怕生活再平淡,她们也能坦然以对并在其中寻找乐趣。快乐的女人也许不是最美的,但她一定是自信的,她会羡慕别人,但一定不会去嫉妒别人,她会感觉到生活的压力,但一定不会被压力压倒,她不会抱怨生活的烦恼,更不会张扬自己的得意,她会享受平淡生活中的阳光,并把快乐传递给身边的每一个人。

快乐的女人会处理好家庭关系,对老人知冷知热,对爱人体贴入微,对孩子关怀备至。她们沉着冷静,她们有品位、爱运动、有知识、有抱负,虽平凡但伟大。她们心怀感恩,她们如春风般自信,如夏季一样热情,如秋般稳重,如冬雪一样纯洁。快乐的女人是智慧的女人,她们会把心分为三份,一份留给自己,一份留给家庭,另一份留给工作。它们不冲突,也能相互辅助，所以她们没有大起大落，没有愁闷之事。

　　曾经，"学得好不如长得好，干得好不如嫁得好"是许多女人的观点。但持这种观点的女人嫁得再好，也不一定得到幸福，长得再美，也不一定有幸福生活。相反，在我们的周围，一些女性虽然没有迷人的外表，也没有令人羡慕的青春，但是她们拥有自己独立的人格，拥有自己的事业和朋友。她们不会因为丈夫冷落自己，或者丈夫离开自己就感觉天塌下来了，而变成了一个怨妇，整天哭哭啼啼、怨天尤人、寻死觅活，她们每天依然开心地工作、生活，依然给孩子、朋友最灿烂的笑容、最甜美的声音、最真诚的祝福，她们总是给人一种爽心悦目、沐浴春风的感觉。这种女人才是智慧的女人，是能享受生活的快乐女人，是了不起的女人。